FORUM FÜR VERANTWORTUNG
STIFTUNG

Mit freundlicher Unterstützung der
»Stiftung Forum für Verantwortung«
und Klaus Wiegandt

natürlich oekom!

Mit diesem Buch halten Sie ein echtes Stück Nachhaltigkeit in den Händen. Durch Ihren Kauf unterstützen Sie eine Produktion mit hohen ökologischen Ansprüchen:

- 100 % Recyclingpapier (Blauer-Engel-zertifiziert)
- mineralölfreie Druckfarben
- Verzicht auf Plastikfolie
- Kompensation aller klimaschädigenden Emissionen
- kurze Transportwege – in Deutschland gedruckt

Weitere Informationen finden Sie unter www.natürlich-oekom.de und #natürlichoekom.

Klimaneutral
Verlag
ClimatePartner.com/53585-1805-1001

Bibliografische Information der Deutschen Nationalbibliothek:
Die Deutsche Nationalbibliothek verzeichnet diese Publikation in der Deutschen Nationalbibliografie; detaillierte bibliografische Daten sind im Internet über http://dnb.d-nb.de abrufbar.

2. Auflage
© 2019 oekom, München
oekom verlag, Gesellschaft für ökologische Kommunikation mbH
Waltherstraße 29, 80337 München

Umschlaggestaltung: www.buero-jorge-schmidt.de
Satz und Layout: Tobias Wantzen, Bremen
Lektorat: Verena Kern
Druck: Friedrich Pustet GmbH & Co. KG, Regensburg

Alle Rechte vorbehalten, Printed in Germany
ISBN 978-3-96238-131-8

RECYCLED
Papier aus
Recyclingmaterial
FSC
www.fsc.org
FSC® C014889

istock: 170, 29, 38, 147, 225; wir-haben-es-satt.de: 17 u; M. Kopatz: 23, 51, 58, 59, 65, 77, 87, 96, 106, 110, 115, 125, 130, 136, 140, 151, 189, 192, 197, 233; Neue OZ: 24; Greenpeace: 31, 129, 228; Wikipedia: 32, 68, 92, 109, 201, 210, 215; alamy: 48, 91, 97, 123, 153, 160, 175, 177, 181, 185, 230, 235; withberlinlove. com: 61; shutterstock: 80o; Daniel @SecretCoAuthor: 8ou; Daniel Doerk: 84; ich-ersetze-ein-uto. de: 93; fotolia: 114; mimikama.at: 116; unverpackt Kiel: 120; pinterest: 143; fischvomkutter.de: 156; AbL: 162; Thomas Klein: 181; Greenprophet: 182; Campect: 193; Die Grünen Tirol: 219

Tobias Wantzen (eigene Darstellung; Hintergrundgrafiken von freepik.com): 56, 88/89, 133, 134/135, 158/159, 186/187; Datenquellen: 56 LK Argus; 88o: Greenpeace; 88u: Fahrradmonitor; 89o: UBA; 89 Mitte: ADAC, Uni Duisburg-Essen; 89u: Eurostat; 134o: wikipedia; 134 M: infratest dimap; 134u: yougov; 135o: Greenpeace; 135 M: Ewaste monitor; 135u: consultic, gvm; 158o: AMI, BLE; 158 M: land.schafft.werte; 158u: Stat. BA; 159o: IFH Köln; 159u: Ökoinstitut, Global 2000; 186o: UBA; 186 M: lifestrom; 186u: Strompiegel; 187o: UBA; 187 M: wikipedia; 187u: interhyp

Michael Kopatz

Schluss mit der Ökomoral!

Wie wir die Welt retten,
ohne ständig daran zu denken

Für meine Eltern

Inhaltsverzeichnis

Ich habe eine seltsame Erfahrung gemacht: Es gibt unpolitische Ökos. Damit meine ich Menschen, denen Umweltschutz wichtig ist, die stundenlang über Plastikstrohhalme und Bienensterben diskutieren können und regelmäßig im Bioladen einkaufen. Menschen, die vorgeben, das Richtige zu tun. Die aber vollkommen unpolitisch sind und sich allenfalls bei den Wahlen an der Demokratie beteiligen.

Solche Ökos werden die Welt nicht retten. Um die Klimaerhitzung zu bekämpfen, sind Menschen gefragt, die den Arsch hochkriegen, die sich einmischen. Ökos, die über mehr nachdenken als die Verwendung ihres Einkommens.

Das politische Konzept der Ökoroutine, das uns von der Verantwortung erlöst, bei jeder Entscheidung das ökologisch Richtige tun zu müssen, wird sich nicht durch moralische Appelle ins Werk setzen lassen. »Öko« wird erst dann zum Normalfall, zur »Routine«, wenn sich die Strukturen ändern und sich nachhaltiges Verhalten besser anfühlt, cleverer (vgl. dazu mein 2016 veröffentlichtes Buch *Ökoroutine. Damit wir tun, was wir für richtig halten*, in dem das gleichnamige Konzept ausführlich vorgestellt wird). Daher kommt es auf Menschen an, die nicht nur an sich denken. Die Werbeindustrie hat aus Bürgern Konsumenten gemacht. Wir dürfen unser Einkaufsverhalten nicht mit Politikgestaltung verwechseln.

Zehn Gebote zur Ökoerlösung

1

Die Natur ist deine Lebensgrundlage. Leiste Widerstand gegen ihre Zerstörung durch noch mehr Straßen, Gewerbeflächen, Gifte. Arsch hoch! Du bist das Volk.

2

Kämpfe nicht für deinen Garten, kämpfe für alle Gärten! Du bist für den Klimaschutz und handelst nicht danach? Das geht allen so. Deswegen musst du die Verhältnisse ändern!

3

Du sollst Politiker ehren. Sie wollen das Richtige tun, aber sind sich oft nicht einig, was das Richtige ist. Viele haben Angst vor den mächtigen Konzernen. Unterstütze den Verein LobbyControl.

4

Du sollst respektvoll mit Tieren umgehen, auch wenn sie auf dem Teller liegen. Setz dich dafür ein, ihr Leid zu lindern. Protestiere an geeigneter Stelle gegen den Bau einer weiteren Agrarfabrik.

5

Du rettest die Welt nicht durch den Kauf von Bioprodukten oder persönlichen Verzicht. Du musst das System verändern. Geh im Januar eines jeden Jahres zur Demo in Berlin »Wir haben es satt!«, und mach Druck von der Straße.

6

Du sollst die Stadt nicht mit deinem Auto verstopfen. Nimm den Bus, die Bahn oder ein Rad. Nimm jeden Monat an der Fahrraddemo »Critical Mass« teil.

7

Du sollst nicht den Klimawandel leugnen. Unterstütze Klimaschutzorganisationen wie Greenpeace oder den BUND durch Spenden, Mitgliedschaft und Engagement.

8

Du sollst nicht begehren deines Nächsten Haus, Auto, Handy noch sonst alles, was dein Nächster hat. Sei deinem Nachbarn ein Vorbild für Bescheidenheit. Zeig, dass man auch mit einem leichten Auto oder ohne Auto glücklich leben kann. Und sorg dafür, dass die Stadt in deiner Straße einen Parkplatz für Carsharing einrichtet.

9

Du sollst nicht zu viel Wohnraum begehren. Wenn dein Haus oder deine Wohnung zu groß geworden ist, optimiere deinen Wohnflächenbedarf. Zieh mit Freunden oder anderen netten Menschen zusammen. Oder hol dir freundliche Untermieter ins Haus.

10

Du sollst nicht shoppen am Tage des Herrn. Schick immer wieder einen Brief an den Einzelhandelsverband in deinem Ort, und mach deutlich: Am siebten Tage soll'n wir ruh'n![1]

Vorwort

Ökomoral kann nerven

Thomas trifft sich mit seinen alten Kommilitonen Jörn und Ulrich zweimal im Jahr zum Wandern. Mit kleinen Unterbrechungen machen sie das schon seit 20 Jahren. Klar, alle haben sich verändert, nicht nur äußerlich. Doch Jörn ist inzwischen etwas anstrengend. Jörn ist ein richtiger »Öko« geworden.

Früher hat ihn die Klimakrise nicht sonderlich bewegt. Doch inzwischen kann er von nichts anderem mehr reden. Fliegen ist jetzt nicht mehr erlaubt. Und wenn Thomas und Ulrich Fleisch bestellen, gibt es gleich eine Predigt über das Leid der Tiere, mit Nitrat verseuchte Böden und abgeholzte Regenwälder in Brasilien.

All das wäre ja gar nicht so schlimm, aber Jörn ist dabei so verbissen. So ernst. Und das nervt. Man hat das Gefühl, ihm fällt es schwer, einfach unbeschwert zu genießen. Und nicht selten macht er mit seinen ökomoralischen Sprüchen die Stimmung kaputt.

Geändert haben Thomas und Ulrich ihre Gewohnheiten und Routinen nicht. Geändert hat sich eigentlich nur, dass sie nicht mehr so viel Lust haben, mit Jörn wandern zu gehen.

Wie könnte Jörn sich von seinem Miesepeter-Image befreien? Zunächst einmal wäre es gut, wenn Jörn klar würde, dass die Freunde sich durch sein Genörgel nicht ändern werden. Es genügt völlig, wenn er selbst mit gutem Beispiel vorangeht. Das wird am ehesten bewirken, dass Thomas und Ulrich ihre Routinen etwas ändern.

Gut wäre auch, wenn Jörn manchmal fünfe einfach g'rade sein ließe. Man muss nicht immer alles richtig machen, nicht bei jedem in Plastik verpackten Käse die Müllkippe in den Weltmeeren beklagen. Das Lamentieren ändert sowieso nichts.

Stattdessen sollte Jörn seine Energie in Engagement fließen lassen. Etwa für bessere Radwege und weniger Parkplätze in seiner Stadt, für bessere Bahnverbindungen oder in die Eröffnung oder Unterstützung eines »Unverpacktladens«. Für alle Facetten des Umweltschutzes gibt es Vereine oder Verbände. Dort finden sich Mitstreiter. Zusammen können die Menschen etwas bewegen.

Gut sind konkrete Projekte, die Spuren hinterlassen. Dadurch bekommt Jörn ein Gefühl von Selbstwirksamkeit. Das fühlt sich gut an und bewegt mehr als verdrießliche Klagen.

Einführung

Luisa scheitert

Kürzlich traf ich eine gute Freundin im Café des Bioladens bei mir um die Ecke. Wir plauderten angeregt, auch über die kommunale Verkehrs- und Klimapolitik. Genau wie ich interessiert Luisa sich sehr dafür. Sie fährt viel Fahrrad, auch bei schlechtem Wetter. Sie wählt die Grünen. Nach einer Stunde stand Luisa auf und sagte: »So, ich gehe jetzt noch rasch rüber zu Lidl, ich will da noch Nüsse kaufen.« Ich erwiderte: »Die gibt es doch auch hier im Bioladen.«

Luisa: »Ja, aber die sind so teuer.«

Ihre Antwort hat mich irritiert. Luisa arbeitet in einer Werbeagentur und hat ein überdurchschnittliches Gehalt, ihr Mann ist Manager und Spitzenverdiener. Die beiden müssen nicht auf jeden Euro schauen. »Du hast doch genug Geld«, sagte ich. »Was kümmern dich ein paar Euro mehr oder weniger? Eigentlich könntest du für die ganze Familie im Bioladen einkaufen, und in eurem Haushaltsbudget würden die Extrakosten kaum auffallen.«

»Das stimmt schon«, sagte Luisa, »aber ich habe das halt so drin. Ich bin wohl so erzogen worden.«

Luisa ist in guter Gesellschaft: Viele Menschen tun nicht das, was sie für richtig halten. Jeder von uns, mich eingeschlossen, verhält sich an der einen oder anderen Stelle widersprüchlich. Mehr als 90 Prozent der Deutschen können sich vorstellen, deutlich mehr Geld für gutes Fleisch auszugeben, doch nur vier Prozent tun es wirklich.

Befragungen zeigen auch, dass die Mehrheit der Menschen viel weniger Autos in den Städten haben möchte. Neun von zehn begrüßen eine ambitionierte Klimaschutzpolitik. Allein, bei sich selbst anfangen, das möchten nur wenige.

Daran haben die Kampagnen und Bildungsinitiativen der vergangenen 30 Jahre für mehr und besseren Umwelt- und Klimaschutz wenig geändert. Okay, wir fliegen mit schlechtem Gewissen, und manche fahren auch mit schlechtem Gewissen Auto.

Doch letztlich ist das Gegenteil von dem passiert, was eigentlich alle für richtig hielten: Wohnungen, Fernseher und Kühlschränke wurden zusehends größer und heizen weiter den Ressourcenverbrauch an. Autos sind heute doppelt so schwer und zahlreich wie in den 1980er-Jahren. Geflogen wird so viel wie nie zuvor.

All das war nicht Ihre oder meine bewusste Entscheidung. Und es gibt wohl nur wenige, die sagen: »Scheiß drauf, das geht mich nix an!« Es werden wohl auch nicht allzu viele Menschen feststellen: »Ups, das habe ich gar nicht gewusst, das mit der Ökokatastrophe!«

Wenn wir uns nichts vormachen, stehen wir vor dieser Situation: Wir sind offenbar sehr gut darin, mit extremen Widersprüchen zu leben. Wir lieben unseren Haushund und legen gleichzeitig Billigwürstchen aus martialischer Tierhaltung auf den 800-Euro-Grill. Diese Form der gelebten Schizophrenie beherrschen auch viele Politiker. Sie fordern vehement Klimaschutz und lassen trotzdem Jahr für Jahr neue Straßen und Fluglandebahnen bauen. Sie beschließen Lärmschutzpläne, um gleich darauf Tempo-30-Zonen abzulehnen. Manche beklagen die Nitratbelastung des Grundwassers und fördern parallel Massentierhaltung und Fleischexport.

Die Konzerne wiederum verweisen bei jeder Gelegenheit auf die Verantwortung der Konsumenten. Produziert werde doch nur, was der Verbraucher wolle und was auch gekauft wird. Doch so einfach ist das nicht. Die Industrie gibt schließlich pro Jahr mehr als 30 Milliarden Euro für Werbung aus, damit die Menschen Dinge kaufen, die sie eigentlich nicht brauchen. Wir schuften, um zu shoppen. All der materielle Konsum macht uns dabei nicht glücklicher. Glück ist nicht beliebig steigerungsfähig.

Der Verbraucher hat die Macht, heißt es gerne. Oder: Die Verkehrswende muss zuerst in den Köpfen stattfinden! Wäre ich ein Lobbyist für Volkswagen, dann würde ich mir genau solche Sprüche einfallen lassen. Etwas Besseres kann den Autobauern gar nicht passieren, als die Verantwortung an die Verbraucher weiterzureichen. Die Konsumenten sind dann eben schuld an der globalen Erwärmung, sie kaufen die vielen SUVs. Sie kaufen auch das Billigfleisch. Die Landwirte liefern ja nur, was alle wollen. Das ist für die Produzenten sehr bequem. Sie können an ihren umweltschädlichen Geschäftsmodellen festhalten und müssen sich um nichts anderes kümmern als um ihre Profite.

Standards und Limits

Bio für alle! Das ist möglich, wenn wir die **Standards** in der Landwirtschaft schrittweise anheben. Dafür müsste die Europäische Kommission nur die Verwendung von Pestiziden und Düngemitteln weiter beschränken. Das Regelwerk ist vorhanden. Schon heute gibt es detaillierte Vorgaben für Landwirte, welche Grenzwerte einzuhalten sind.

Ein Fahrplan für die Agrarwende müsste nur noch festlegen, in welchem Ausmaß und Zeitraum der Einsatz von Chemie und Dünger zu reduzieren ist. Das kann eine großzügige Zeitspanne sein, etwa bis zum Jahr 2030. Die Zulassung des Ackergifts Glyphosat wird wohl nicht erneut verlängert werden. Das ist ein Anfang.

Da der Ökolandbau teurer ist als die konventionelle Landwirtschaft, werden die Preise für Lebensmittel langfristig etwas steigen. Das geschieht jedoch nicht von heute auf morgen. Es geschieht allmählich, sodass der Preisanstieg für Kartoffeln, Gurken oder Äpfel leichter zu verkraften ist und kein Politiker Angst haben muss, dass die Entscheidung für den Ökolandbau zu massiven Protesten führen wird. Bei 100 Prozent Biolandwirtschaft sinken zudem die Produktions-, Verarbeitungs- und Vertriebskosten. Der Preisanstieg wäre somit auf ein moderates Maß beschränkt.

Bio für alle würde im Übrigen auch das Ende der Zweiklassengesellschaft am Mittagstisch einläuten. Viel zu klaglos nehmen wir bis heute hin, dass es zu sehr am Geldbeutel hängt, ob jemand sich gesund und umweltfreundlich ernähren kann. Auch mit der verrückten Situation, dass die Deutschen extrem wenig Geld für etwas so Wichtiges wie Lebensmittel ausgeben, würde dann Schluss sein.

Sie denken vielleicht: Schön, wenn es so einfach wäre! Doch das Konzept der Ökoroutine ist in der Praxis bereits erprobt. Weitgehend

> »Wir würden es sehr begrüßen, wenn ein Gesetz beschlossen würde, das einen höheren Standard bei der Tierhaltung verpflichtend vorschreibt, am besten EU-weit.«
>
> *Philipp Skorning, Chefeinkäufer Aldi Süd,*
> *STERN, 8. Juni 2017*

unbemerkt haben Politiker im Jahr 2003 den Auslauf für Legehühner in der EU verdoppelt, mit Übergangsfristen für die Landwirte. Und siehe da: Die Landwirtschaft hat mit steigenden Standards kein Problem, solange sie für alle Mitbewerber in der Union gelten. 2017 erklärte Philipp Skorning, Chefeinkäufer von Aldi Süd, dass er höhere Standards begrüßen würde – am besten EU-weit.

Auch Elektrogeräte, Häuser und Autos wurden effizienter, nachdem die gesetzlichen Standards schrittweise erhöht wurden. Beispielsweise hatten unsere Geräte in Wohnzimmer, Küche und Bad einen Stromverbrauch von bis zu 30 Watt, selbst wenn sie nur im Standby-Zustand oder sogar ganz ausgeschaltet waren. Die Stand-by-Verordnung der EU hat den Maximalverbrauch auf 0,5 Watt im Aus-Zustand und 1 Watt im Bereitschaftszustand begrenzt. Allerdings gibt es für vernetzte Geräte Ausnahmen. Von den eingesparten Stromkosten profitieren 500 Millionen Konsumenten in der Europäischen Union. Und auch Gebäude müssen heute viel energieeffizienter sein.

Durch die gleiche Methode könnten alle Autos emissionsfrei sein, die ab dem Jahr 2028 zugelassen werden, sodass der gesamte Fahrzeugbestand Schritt für Schritt klimafreundlich wird. Wie die Automobilindustrie dieses Ziel erreicht, darüber muss sich die Politik nicht den Kopf zerbrechen. Darum werden sich die Ingenieure kümmern. Statt mit moralischen Appellen von den Konsumenten das »richtige« Verhalten einzufordern, ist es viel effektiver, die Produktion zu verbessern.

Neben steigenden Standards braucht es **Limits** und *Obergrenzen,* beispielsweise für den Flugverkehr. Wenn wir unsere eigenen Worte zum Klimaschutz ernst nehmen, müssen wir die weitere Expansion begrenzen. Die Deutschen fliegen zu viel. Es darf nicht noch mehr werden.

Der schlichte Vorschlag: Wir limitieren die Starts und Landungen auf dem gegenwärtigen Niveau. Ganz einfach.

Was müsste die Bundesregierung dafür tun? Nichts! Wenn die Regierung keine weiteren Lizenzen für Starts und Landungen vergibt, wenn Städte wie München und Hamburg ihre Flughäfen nicht erweitern, dann wird das Limit automatisch erreicht und der weitere Anstieg von Lärm und Treibhausgasemissionen verhindert. Oft geht es darum, etwas besser zu lassen, als es besser zu machen.

Außerdem sollten wir den Ausbau der Straßen beenden. Nur so lässt sich vermeiden, dass der Lkw-Verkehr weiter zunimmt. Das eingesparte Geld könnte der Verkehrsminister in die Bahn investieren. In der Folge würden Spediteure ihre Routinen ändern.

Das Konzept der Ökoroutine beginnt nicht in den Köpfen, sondern bei der Infrastruktur. Es beginnt mit Radschnellwegen, Busspuren und dem Rückbau von Parkplätzen. Es muss einfacher und cleverer werden, mit dem Nahverkehr oder dem Fahrrad in die Stadt zu fahren. Wenn die Planer eine Pkw-Spur in einen Busstreifen verwandeln, steigen Autofahrer – das ist erwiesen – genau dann in den Bus um, wenn sie ihr Ziel damit schneller erreichen.

Für breite und sichere Radschnellwege werden die Planer auch Parkstreifen opfern müssen. Das heißt, der Verkehrsraum ist neu aufzuteilen. Die Transformation von der autogerechten zur menschengerechten Stadt wird nicht durch Absichtserklärungen und moralische Appelle erreicht, sondern durch gute Strukturen.

Utopisch? Nein! Es gibt Vorbilder, wie sich Verhaltensnormen durch ordnungspolitische Maßnahmen in kurzer Zeit radikal ändern können. Dass in Zügen, Restaurants und öffentlichen Gebäuden heute nicht mehr geraucht werden darf, ist innerhalb weniger Jahre eine Selbstverständlichkeit geworden.

Arsch hoch!

Bei meiner Freundin Luisa im Bioladen-Café habe ich keine Grundsatzdiskussion angefangen und es auf sich beruhen lassen. Ich nehme ihr ihr widersprüchliches Verhalten nicht übel. So ist das halt. Immerhin weiß ich, dass Luisa voll und ganz das Konzept der Ökoroutine unterstützt. Wenn die Produkte beim Discounter eines Tages genauso öko sind wie die beim Superbiomarkt, könnte sie damit sehr gut leben. Das fände Luisa total praktisch, ja regelrecht befreiend, um nicht zu sagen: erlösend. Und ich auch. Denn meine Einkäufe sind auch nicht zu 100 Prozent Bio.

Statt sich dem persönlichen Ohnmachtsgefühl hinzugeben, nimmt Luisa jetzt an Demonstrationen teil. Denn die beschriebenen Strukturen und Limits kommen nicht von allein. Dafür müssen sich Menschen engagieren. Zum Beispiel Sie!

Eine schlichte Form von Engagement ist Protest, etwa bei der Demo »Wir haben es satt!«. Gleich zu Jahresbeginn können Sie nach Berlin fahren und mitmarschieren. Parallel zur Grünen Woche, der wichtigsten Messe der weltweiten Agrarindustrie, fordern dort Zehntausende Menschen bessere Standards in der Landwirtschaft. Ohne dieses Engagement von Verbänden und Bürgern wüsste heute niemand, was Glyphosat überhaupt ist.

Oder Sie besetzen ein Braunkohlerevier. Wem das zu riskant ist, der kann an der Critical Mass teilnehmen, einer internationalen Fahrraddemo, an jedem letzten Freitag im Monat. Das stärkt das Gemeinschaftsgefühl, und man erfährt: Ich bin nicht allein. Es gibt noch viele andere, die sich einmischen. Außerdem machen es solche Proteste den Reformern in der Politik schon etwas leichter, strukturelle Veränderungen ins Werk zu setzen. Ihren Enkeln können Sie dann erzählen: Ich habe Widerstand geleistet und Veränderungen durch lauten Protest eingefordert. Das fühlt sich eigentlich ganz gut an.

Ob Sie im Hambacher Forst gegen Abholzung und die Energielobby kämpfen (oben) oder im Rahmen von »Wir haben es satt!« für eine ökologische Landwirtschaft auf die Straße gehen, ist egal – protestieren ist nicht nur sinnvoll, es macht auch Spaß.

Lasst den Verstand nicht schrumpfen!

*»Wer über nichts mehr nachdenkt
als die Verwendung des Gehalts,
dessen Verstand schrumpft
auf die Dimension seiner Geldbörse.«*

Die Verhältnisse ändern sich nur, wenn wir eine enkeltaugliche Politik einfordern. Wir sind nicht nur Verbraucherinnen und Verbraucher, sondern vor allem Bürgerinnen und Bürger. Wir sind das Volk, hieß es mal.

Das sollten sich auch unsere Eliten klarmachen. Da gibt es tatsächlich viele, die sich nur noch um die Verwendung ihres Einkommens kümmern und über Politik und Politiker lästern. Das ist ja so bequem. Doch gerade diejenigen, die durch ihre Ausbildung Top-Qualifikationen mitbringen, gerade die sind prädestiniert, sich einzumischen und Druck zu machen.

Ein Anfang ist die Teilnahme an einer Demonstration. Zugegeben, ich habe mir vor einigen Jahren auch noch gedacht, ist doch egal, einer mehr oder weniger bei einer Demo, da kommt es dann auch nicht drauf an. Da war mein Verstand wohl schon ziemlich geschrumpft.

Warum dauert alles so lange?

Kein Jahr war in Deutschland jemals so heiß wie das Jahr 2019. Schon im Frühling ging es los mit Trockenheit und Hitze, und dann folgte, wie bereits 2003 und 2006, erneut ein Jahrhundertsommer, der scheinbar gar nicht mehr enden wollte. Alle redeten vom Klimawandel, der »Spiegel« titelte: »Der Sommer, der nie endet. Wie der Klimawandel unser Leben verändert«. Doch beim Klimaschutz geht es dennoch kaum voran.

Offiziell begrüßen fast alle Bürgerinnen und Bürger den Klimaschutz. Die Politiker in den Städten, Ländern und im Bund haben Strategiepapiere, Konzepte und Masterpläne beschlossen. Ministerien und Behörden arbeiten an der Umsetzung. Warum dauert alles trotzdem so unglaublich lange? Warum erzielen wir kaum Fortschritte beim Klimaschutz?

Und warum fällt uns der achtsame Umgang mit der Natur so unfassbar schwer? Die Plastikmüllberge wachsen und wachsen, und allein in den letzten zehn Jahren kamen fünf Millionen zusätzliche Autos auf die Straße.

Dafür gibt es viele Gründe. Einige sind innerlich, also psychologischer Natur, etwa Routinen und Gewohnheiten. Diese könnten wir zumindest theoretisch recht kurzfristig ändern. Andere sind äußerlich, man könnte auch sagen: systemisch oder strukturell bedingt. Solche Faktoren, gemeint sind etwa Gesetze oder die Macht der Werbung, lassen sich nicht direkt durch persönliches Handeln verändern. Eine ausführliche Beschreibung der innerlichen und äußerlichen Faktoren findet sich in »Ökoroutine«. Die folgenden Kapitel sprechen eher in Form von Anekdoten über das Thema.

Umweltbewusstsein

Alle zwei Jahre lässt das Umweltbundesamt im Auftrag der Bundesregierung eine Befragung über das Umweltbewusstsein in der Bevölkerung durchführen. Rund 2.000 Bürgerinnen und Bürger ab 14 Jahren wurden gefragt, wie sie zu Natur und Umwelt stehen. Fast 100 Prozent stimmten der Aussage zu, dass für sie eine intakte natürliche Umwelt unbedingt zum Leben dazugehört. Für 67 Prozent ist der Umweltschutz eine grundlegende Bedingung, um Zukunftsaufgaben wie etwa die Globalisierung zu bewältigen. 2010 sagten das nur 34 Prozent.

Die Studie zeigt auch: Autofahren ist nach wie vor Routine. 70 Prozent aller Befragten fahren täglich oder mehrmals die Woche mit dem Wagen. Doch offenbar hegen die Menschen grundsätzlich den Wunsch, ihre Routinen und Gewohnheiten zu ändern. 91 Prozent erklärten, das Leben wäre besser, wenn sie nicht aufs Auto angewiesen wären. Und 61 Prozent der Autofahrer in Großstädten gaben an, zu einem Umstieg auf andere Verkehrsmittel bereit zu sein.

Ist das paradox? Nur scheinbar, denn jeder für sich genommen kann nicht die Strukturen verändern, die das gewünschte Verhalten ermöglichen. Niemand ändert seine Autoroutine, wenn der Nahverkehr teurer und langsamer ist. Die Voraussetzungen für einen Umstieg können nur Stadt- und Verkehrsplaner schaffen. Sie können schrittweise die Busse und Bahnen zur Innenstadt beschleunigen und durch gute Takte komfortabel machen. Wenn man mit dem Bus schneller die Kernstadt erreicht als mit dem Wagen, dann ändern die Bürgerinnen und Bürger ihre Routinen.

Auf der Suche nach Anerkennung

Warum ist es so wichtig, so viele Sachen zu besitzen? Die tolle Armbanduhr, die schicke Markenhose, das stylische Auto, all das kostet ein Heidengeld. Warum schuften wir, um zu shoppen?

Eine Antwort auf diese Frage kam mir, als ich dieses Foto von einem festlich beleuchteten SUV machte. Das Bild entstand zur

Was geht wohl in dem Besitzer dieses Autos vor? Die Antwort ist einfach: Er möchte geliebt werden. Er sucht nach Anerkennung. Wie wir alle. Leider funktioniert das mit Angeberei nicht wirklich gut.

Weihnachtszeit, der Lichtkünstler hatte seinen Carport aufwendig mit LED-Leuchtketten ausgestattet. Mich hat der Anblick ziemlich irritiert. »Was will er uns damit sagen?«, habe ich mich gefragt.

Ganz einfach: Dieser Mensch ist auf der Suche nach Anerkennung und Liebe, wie wir alle. Es ist banal. Jeder von uns möchte geliebt werden. Das Bedürfnis nach Liebe und Zuwendung steckt in uns schon von klein auf. Nur Kinder, die bedingungslos geliebt werden, können sich voll entfalten.

Babys sind einfach nur da, sie werden geknuddelt und gestreichelt und geliebt, einfach so. Doch später, mit zunehmendem Alter, meinen viele, dass man sich Anerkennung nur durch materielle Dinge erarbeiten kann.

Im Ergebnis arbeiten wir hart für Dinge, die wir nicht brauchen, um Leute zu beeindrucken, die wir eigentlich gar nicht mögen.

Der Verbraucher hat die Macht?

Bei meinen letzten Vorträgen habe ich manchmal diesen Aufmacher der »Neuen Osnabrücker Zeitung« auf die Leinwand gebracht. »Der Verbraucher hat Macht«, titelt das Blatt zu einem Bericht über einen zweistündigen Workshop über Essgewohnheiten, Kaufverhalten und Tierwohl. So ein Fazit wird oft nach solchen Veranstaltungen gezogen, egal, ob es dabei um Klimaschutz im Allgemeinen oder Bauen und Verkehr im Besonderen geht.

Wie praktisch und wie bequem ist das für die Unternehmen und Konzerne, die auf Kosten zukünftiger Generationen spitzenmäßige Gewinne erwirtschaften. Was können sie schon dagegen machen, wenn die Menschen so viel fliegen wollen und immer mehr SUVs kaufen? Machtlose Konzerne. Mächtige Konsumenten.

Machtlose Konzerne, mächtige Konsumenten. Eine Erzählung, der wir so nicht glauben sollten.

Es wird wohl noch lange dauern, bis die politischen Eliten und die breite Öffentlichkeit verstehen: Das Konzept vom mächtigen Konsumenten funktioniert nur in Krisensituationen. Wenn sie akut um ihre Gesundheit fürchten, beispielsweise weil ein Lebensmittel verseucht ist, kaufen sie etwas anderes. Insgesamt sind Verbraucher jedoch gegenüber den ethischen Notwendigkeiten erstaunlich renitent. Die permanenten Berichte über Tierqualen in den Ställen haben die Menschen eher abstumpfen lassen.

Es ist zum Heulen. Das denke ich mir manchmal. Nicht aufgeben, daran denke ich dann als Nächstes.

Fake News oder Konfusionswissenschaft

In ihrem Buch »Die Machiavellis der Wissenschaft« beschreibt die US-amerikanische Professorin für Wissenschaftsgeschichte Naomi Oreskes, wie ein Zirkel konservativer Forscher systematisch Zweifel an Klimawandel, Umweltgefahren oder Gesundheitsschäden durch Tabak sät. Bezahlt von bestimmten Branchen, geht es ihnen darum, gezielt Dissens vorzutäuschen und so die Glaubwürdigkeit der Wissenschaft insgesamt in Zweifel zu ziehen. Offene Fragen in der Klimaforschung werden so dargestellt, als sei die gesamte Grundaussage vom menschengemachten Klimawandel hochgradig umstritten oder sogar komplett falsch.

Für den Zeitraum von 1993 bis 2003 hat Naomi Oreskes über 900 Publikationen in Fachzeitschriften zum Schlüsselwort »globale Klimaveränderung« ausgewertet. Nicht eine einzige Veröffentlichung wandte sich gegen die Erkenntnis, dass der Mensch der Hauptverantwortliche ist für die gegenwärtige Erderwärmung. Doch in den Zeitungen und im Fernsehen wurde ein komplett anderes Bild entworfen. In jedem zweiten Beitrag tauchten klimaskeptische Meinungen auf, die die Verantwortung des Menschen anzweifeln.[2]

In den USA haben die Konzerne mehrere Institute aufgebaut, die – scheinbar unabhängig – Wissenschaft mimen, aber nichts anderes als Lobbyismus betreiben. Mit ihren interessengeleiteten »Studien« und »Gutachten« bedrängen sie Journalisten und pochen auf Veröffentlichung. Mit dem Argument, die Journalisten würden ihre Pflicht zu einer objektiven Berichterstattung verletzen, üben sie Druck aus. Wie Oreskes in ihren Recherchen herausfand, erhielten Klimaskeptiker selbst in renommierten Zeitungen wie der »New York Times« oder der »Washington Post« im untersuchten Zeitraum 40 Prozent der Zeilen. Angemessen wären drei Prozent gewesen.[3]

Klimatalk und MedienMachtMeinung

11. Oktober 2017: Frau Maischberger möchte über Wetter und Klima diskutieren. Sie fragt: Sind Wetterextreme wie das Sturmtief Xavier, das damals gerade schwere Schäden angerichtet hatte, eine Folge des Klimawandels? Muss der Staat bei unserem Konsum radikaler eingreifen, beispielsweise SUVs und Flugreisen mit drastischen Steuererhöhungen belegen? Eingeladen sind der Wettermoderator Jörg Kachelmann, der Klimaforscher Hans Joachim Schellnhuber und die Politikerinnen Dorothee Bär (CSU) und Bärbel Höhn (Grüne).

Eingeladen ist aber auch Alex Reichmuth, ein Schweizer Journalist und Klimaskeptiker. Mit seinen Thesen dominiert Reichmuth die Sendung über weite Strecken. Er stellt den Klimawandel genauso in Frage wie die Forschungsergebnisse der Klimawissenschaft. Den von den Vereinten Nationen eingesetzten Weltklimarat vergleicht er mit den Zeugen Jehovas und warnt vor dem Pariser Klimaabkommen. Würde die internationale Übereinkunft zur Eindämmung der Erderhitzung umgesetzt, behauptet er, hätte das katastrophale Folgen für die Menschheit. Hunger und der Zusammenbruch der Energieversorgung wären die Konsequenz.

Ist es wirklich angemessen, dass der öffentlich-rechtliche Sender ARD solche Leute einlädt? Hat ernsthaft jemand erwartet, dass ein Klimaleugner die Debatte mit substanziellen Argumenten bereichert? Wohl eher wollte man etwas mehr »Würze« in die Debatte bringen. Dabei sind die Konflikte über die Frage, mit welchen politischen Maßnahmen der Klimakrise am besten zu begegnen ist, schon groß genug.

Bärbel Höhn, eine ausgewiesene Umweltexpertin, weist darauf hin, dass die Kritiker sich ja gerne in den wissenschaftlichen Diskussionsprozess einbringen könnten. Aber genau das verweigern sie, da sie sich dann an Regeln und Standards halten müssten und nicht einfach nur krude Meinungen verbreiten könnten.

Verschwörungstheoretiker in populäre Talkshows einzuladen und ihnen dort eine Bühne für ihre wirren Thesen zu geben ist keine objektive Berichterstattung. Es ist Zeitverschwendung. Kostbare Zeit, die man für die Diskussion über Lösungskonzepte bräuchte.

Lobbyismus: Mit der IGBCE zur Selbstverbrennung

Es wird heiß auf dem Planeten. Um deutlich zu machen, wie dramatisch die Erhitzung unseres Klimasystems ist, spricht der international renommierte Klimaforscher Schellnhuber von »Selbstverbrennung«. Kann ja sein, meint die Industriegewerkschaft Bergbau, Chemie, Energie (IGBCE), aber deswegen müsse man doch nicht die Kohle verteufeln. Die IGBCE betätigt sich in professioneller Verharmlosung. In ihren Augen wie in den Augen vieler Kohlelobbyisten sind die Klimaschützer nur eine Spinnerbande.

Die IGBCE saß natürlich auch in der Kohlekommission, um den dort avisierten Kohleausstiegsfahrplan nach Kräften auszubremsen. Dazu erreichte mich die Mail eines Kollegen. Er berichtet, wie raffiniert der Verband argumentiert. Dessen Positionspapier sei ein »rhetorisches Schmuckstück«. Es weckt den Anschein, man sei für die Energiewende, meint aber das Gegenteil.

Unter anderem heißt es da:

»Schon heute zeigt sich, dass viele industriell gefertigte Produkte eine positive CO_2-Bilanz besitzen. Die durch ihren Einsatz vermiedenen CO_2-Mengen sind größer als die bei ihrer Herstellung verursachten. Diese Betrachtung ist zielführender als die isolierte Betrachtung des Ressourcenverbrauchs industrieller Produktionsprozesse.«

Das ist ja spitze: Shoppen für den Klimaschutz! Ich kaufe eine Waschmaschine und ziehe damit Kohlenstoff aus der Luft. Nein, das geht natürlich nicht. Aber mit Windkraft und Solaranlagen geht das durchaus. Nur, davon spricht die IGBCE natürlich nicht.

Solche Positionspapiere zu lesen kann frustrierend sein. Aus meiner Sicht hat der Kollege völlig recht. Wer sich für eine enkeltaugliche Energieversorgung starkmacht, sollte die perfiden Argumente der Gegner gut kennen – um die eigenen Argumente zu schärfen. Nicht komplexe, akademische Statements werden gehört, sondern brillant auf den Punkt gebrachte Aussagen.

Deswegen spricht Schellnhuber auch von Selbstverbrennung statt von »Erwärmung«. Das klingt viel zu harmlos, ja eher gemütlich und angenehm.

Es stimmt verdrießlich, dass jährlich viele Millionen Euro investiert werden, um den Klimawandel zu leugnen und den Klimaschutz auszubremsen. Da ist es wichtig, sich einmal klarzumachen, wo wir herkommen. Im Jahr 1992 gab es in Deutschland nur vier Prozent umweltfreundlichen Strom. Heute sind es 40 Prozent. Noch vor gut zehn Jahren sahen Pläne vor, an die 25 neue Kohlekraftwerke zu bauen, die angeblich unverzichtbar sein sollten. Nun hat die Kohlekommission empfohlen, auf den Neubau von Kohleblöcken komplett zu verzichten.

Wir haben uns vom Atomstrom verabschiedet. Und jetzt diskutieren wir über einen systematischen Kohleausstieg. Das ist doch schon mal was. Wir können etwas bewirken. Sie können etwas bewirken. Der Kampf gegen die Kohle, er lohnt sich. Tun Sie was!

Gelebte Schizophrenie

Jeder Hundeliebhaber wird sofort bekennen: »Mein Hund, der hat eine Seele!« Haustiere werden wie ein Teil der Familie behandelt. Ihre Fotos hängen schön gerahmt zusammen mit den Fotografien der Familienmitglieder an der Wand. Auch Todesanzeigen und gemeinsame Begräbnisstätten verweisen auf das enge Band zwischen Mensch und Tier.[4]

Hundebesitzer lieben ihre Tiere. Da werden Milliarden investiert.
Den wenigsten ist bewusst, dass ihre Tierliebe im krassen Widerspruch
zu ihrem Billigfleisch steht. Auf der Packung steht zwar »Bauernglück«
drauf. Drin ist aber das Resultat martialischer Tierhaltung.

Hunde und Katzen teilen sich das Sofa und das Bett mit ihrem Herrchen, sind allgegenwärtiger Begleiter, Spielkamerad und nicht selten Gesprächspartner. Tiere empfinden Schmerzen, träumen, streiten, kuscheln, ängstigen sich.

Dasselbe gilt auch für Schweine. Da macht der Deutsche aber einen Unterschied. Da haut er das Schnitzel für einen Euro in die Pfanne. Das ist gelebte Schizophrenie. Keine auch noch so gut gemachte Broschüre oder Kampagne wird den deutschen Schnäppchenjäger dazu bringen, solche Widersprüche aufzulösen. Wir sind perfekte Verdrängungskünstler.

Fragen Sie Raucher! Da sagen viele: »Wieso, Helmut Schmidt ist doch 96 geworden!«

Unzählige Filme und Fotos dokumentieren die grauenvollen Umstände in den Massenställen und beweisen, wie die Tiere leiden. Niemand wird ernsthaft behaupten: »Davon habe ich nichts gewusst.« Fernsehen, Radio und Internet liefern einen permanenten Nachrichtenstrom über die skandalösen Zustände in puncto Tierhaltung, Fütterung, Transport und Schlachtung.

Und dennoch liegt das Biohack bei den Discountern wie Blei im Kühlregal. Nur zwei von hundert Kunden greifen zur ethisch anspruchsvollen Ware. Im Jahr 2017 lagen die Ausgaben für Biofleisch bei etwa 260 Millionen Euro,[5] drei Milliarden verwenden die Deutschen für Tierfutter.

Kleiner Tipp: Wenn Sie bei Freunden zum Abendessen eingeladen sind, und es gibt Fleisch, fragen Sie nicht: »Ist das bio?« – wenn das der Fall wäre, würde der Gastgeber bestimmt selbst darauf hinweisen. Schließlich wird der Braten vom Biometzger locker dreimal teurer gewesen sein. Zu 98 Prozent hat das Tier auf dem Teller ein eher qualvolles Dasein gehabt. Die Frage nach dem Biofleisch macht nur schlechte Stimmung.

Und wenn Ihre Gastgeber einen Hund haben? Behalten Sie den Hinweis auf den Widerspruch zwischen Hundeliebe und Billigfleisch besser für sich. Der Abend wäre gelaufen. Berichten Sie lieber vom Konzept der steigenden Standards, und fragen Sie Ihre Freunde, was sie davon halten, wenn sich Tierhaltung durch Vorgaben der EU-Kommission schrittweise verbessern würde.

Werbung: Die Freiheit nehm ich mir

Botenstoff der Werbeindustrie ist oft ein Freiheitsversprechen. Es gibt wohl kein Produkt, das sich nicht damit verknüpfen lässt. Rauchen ist Freiheit, meinte zumindest eine Marke mit dem Slogan »Liberté toujours – immerwährende Freiheit«. Das spricht unsere Sehnsüchte und Träume an.

Ja, sogar Kaffee macht frei: »Ich lebe mein Leben ganz von vorn, hab Spaß daran, ich bin so frei, Nescafé ist dabei, ich steh zu meinem eigenen Ziel, tu, was ich will, ich bin so frei, Nescafé ist dabei.« Ein ziemlich mächtiger Auftritt für einen Bohnenkaffee.

In einem Spot von Volkswagen fährt ein Paar getrennt, jeweils im eigenen geländetauglichen Übergewichtswagen, durch felsige Landschaft. Sie treffen sich, und dann fährt einer noch rasch eine Milch holen. Man ist so frei. Konsum ohne schlechtes Gewissen. Wer sich die Freiheit nimmt, ist modern, unbeschwert und unkompliziert.

Stattdessen sollten öfter solche Anzeigen in den Magazinen erscheinen:
NICHT GERADE EIN AUTO, EHER EINE KRIEGSERKLÄRUNG. Im neuen
Audi Q8 können Sie unterwegs sein, wie Sie wollen – und dabei Angst und
Schrecken verbreiten. Mit den Maßen eines Panzers, gut zwei Tonnen Leergewicht und mindestens 172 Gramm CO_2-Ausstoß pro Kilometer ist er eine
Kampfansage an andere Verkehrsteilnehmer, Inselstaaten und zukünftige
Generationen. Schalten Sie Ihr Hirn ab, die Massagefunktion ein – und walzen Sie alles nieder. DER LUXUS, NICHT ZU DENKEN. DER NEUE AUDI Q.

Werbung macht etwas mit uns. Werbung manipuliert mental.
Werbung ist der Grund, warum wir so viele Dinge kaufen, die wir
eigentlich nicht brauchen. Über 30 Milliarden Euro geben Konzerne
allein in Deutschland dafür aus. Weltweit sind es sogar gut 500 Milliarden Euro.

Ganz offensichtlich wird das bei einer Anzeige für einen SUV. Offenbar ist den Werbeleuten selbst klar gewesen, dass ein geländetaugliches Fahrzeug auf geteerten Straßen durchaus entbehrlich ist, und es
heißt daher: »Auch wenn Sie der Weg zum Bäcker selten über einen
Bergpass führt.« Hauptsache, man lässt sich beeindrucken (»Impress
Yourself«).

Leben ohne Limit?

Das Flugtaxi kommt. Spinnerei? Das Leben ist auch so schön genug? Ja, mag sein. Aber wir werden es nutzen. Wenn es bezahlbar und machbar ist, werden wir das tun. Einfach, weil wir es können. Und niemand, wirklich niemand, wird sich im Endeffekt dadurch besser fühlen.

Flugtaxis erhöhen die Reisegeschwindigkeit. Das wird dazu führen, dass wir weitere Distanzen zurücklegen. Der Verkehr nimmt zu, und wir werden nicht weniger unterwegs sein, sondern mehr.

Wir leben ohne Limit. Es ist völlig offensichtlich, dass den Menschen die Gabe zur Selbstbegrenzung fehlt. Sicher, es gibt Ausnahmen. Doch die breite Masse will haben, was der andere oder die anderen hat. Das noch bessere Smartphone, den noch schnelleren Straßenkreuzer, den noch höher auflösenden Fernseher.

Deswegen benötigen wir Obergrenzen, ein Leben *mit* Limit. Für Straßen, Häfen, Landebahnen, Pkw, Häuser und Ackergifte. Ohne Li-

Wir werden Flugtaxis nutzen, sobald es möglich und bezahlbar ist.
Man wird uns vorrechnen, dass das auch noch gut für die Umwelt ist.
Doch das ist zumindest für die nächsten 50 Jahre utopisch. Zukunfts-
fähige Mobilität kommt ohne Flugtaxis aus.

mits ist es unmöglich, diesen Planeten mit demnächst zehn Milliarden Menschen auskömmlich zu bewirtschaften. Wenn wir zu dieser Einsicht nicht bereit sind, gehen die Demokratien zugrunde.

Wer sich einen High-Definition-Fernseher angeschafft hat, war vermutlich der Meinung: Besser geht's nicht. Berichte in Medien und Internet verbreiteten Begeisterung. Das seien Bilder, hieß es, in denen man spazieren gehen könne. Eine ganz neue Erfahrung. Bis zu fünfmal mehr Bildinformation zeigt ein HDTV-Bild gegenüber dem bisherigen Standard PAL. Auch Bildformat und Übertragung änderten sich: Aus 4:3 wurde augenfreundliches 16:9, analog wandelte sich zu digital. Das Resultat sind detailreiche, klare Bilder mit hohem Kontrast.[6] Erst Jahre später waren die TV-Sender in der Lage, die entsprechenden hochauflösenden Datenmengen anzubieten.

Derweil geht es weiter mit den Innovationen und völlig neuen Bilderlebnissen. Die Fernseher und Monitore werden immer größer. Jetzt stehen Ultra-HD-Fernseher auf dem Plan, Geräte mit »4K«, also vierfacher HD-Auflösung, mithin viermal »besser«. Auch »8K« gibt es schon. Es wird nie genug sein. Wir sind maßlos.

Glück kann nicht wachsen

Die Industrie gibt in Deutschland jährlich über 30 Milliarden Euro für Marketing aus, damit die Menschen Dinge kaufen, die sie eigentlich gar nicht brauchen. Sie schuften, um zu shoppen. Doch all der materielle Konsum hat uns nicht glücklicher gemacht.

Seit den 1980er-Jahren hat sich der deutsche Wohlstand verdreifacht. Doch der weitere Zugewinn an materiellen Gütern konnte das Wohlbefinden nicht steigern.

Die seit Jahrzehnten international gestellte Frage »Wie glücklich sind Sie auf einer Skala von eins bis zehn?« wird mit leichten Schwankungen auf gleichem Niveau beantwortet. Das gleiche Bild ergibt sich in den anderen wohlhabenden Nationen. Glück ist nicht beliebig steigerungsfähig.

Wachstum ist längst zum Selbstzweck verkommen. Die Menschen stellen sich mit ihrer Arbeit in den Dienst eines Dogmas. Längere Arbeitszeiten, zunehmender Stress am Arbeitsplatz, befristete Arbeitsverträge und vieles mehr werden in Kauf genommen, damit die Wirtschaft wächst.

Mag sein, dass eine Zukunft ohne Wachstum für Ökonomen schwer vorstellbar ist. Aber eines sollten sie offen bekennen: Wachstum wird *nicht* dafür sorgen, dass es den Menschen besser geht!

Wachstumswahn

Klassische Ökonomen sehen im beständigen Wachstum kein Problem. Ich habe auch kein Problem mit Wachstum. Pflanzen wachsen, meine Kinder wachsen, und der Ausbau der Windkraft wächst. Doch was ist, wenn der Hamburger Hafen nicht wächst, beim Flughafen München keine weitere Startbahn gebaut wird oder die Autobahnen nicht weiter wachsen?

Dann ist das Geschrei groß. Das geht nicht, denn die Wirtschaft muss ja wachsen, heißt es. Damit wird dann einfach vom Tisch gewischt, dass diese kontinuierliche Zunahme unsere Existenz bedroht, quasi alles zunichtemacht, was wir durch effiziente Technologien und Sonnenstrom aufgebaut haben.

Wie der Zufall so will, führte ich einmal Gespräche mit zwei Angestellten vom Flughafen München. Beide Begegnungen ergaben sich unabhängig voneinander, doch in ihrer Reaktion auf meinen Vorschlag für ein Limit für Starts und Landungen waren sich beide einig. »Das geht nicht! Da verliert München seine Funktion als Drehkreuz! München würde zum Provinzflughafen!«

Hm, dachte ich mir, ist ja klar, dass sie als Flughafenangestellte das behaupten. »*Aber wie*«, fragte ich, »wollt ihr denn die Klimagase im Flugverkehr verringern oder wenigstens stabilisieren?« Antwort: »Da kann man in anderen Sektoren ja viel mehr einsparen.«

Das sagen die Lobbyisten der Bauwirtschaft auch und die Spediteure. Sie zeigen auf die anderen. Das Beispiel macht deutlich, wo die Probleme liegen. Eine Wirtschaft mit Limit wird als extrem bedrohlich wahrgenommen. Stagnation gilt als wirtschaftliche Katastrophe.

Es ist daher dringend notwendig, dass uns die Ökonomen vorrechnen, wie sich der Wohlstand bewahren lässt – auch wenn in der Republik nur noch halb so viele Autos fahren und wenn unsere Geräte wieder so lange halten würden wie früher.

Das Gute darf wachsen, das Schlechte muss schrumpfen

Düster ist diese Zukunft gewiss nicht. Denn es gibt Dinge, deren Wachstum ist erwünscht, denken wir an die Pflege. Aber auch die Solarbranche oder die Bahn sollen gerne wachsen. Dort entstehen auch Arbeitsplätze.

Die Wirtschaftsexperten sind angehalten, der Stagnation sowie der Schrumpfung von bestimmten Branchen ihren Schrecken zu nehmen. Es reicht nicht zu sagen: »Es wird schon alles gut werden.« Wie können wir unsere CO_2-Emissionen um mindestens 80 bis 95 Prozent verringern und bis 2050 klimaneutral werden, so wie es im Paris-Abkommen vereinbart ist, wenn alles immer mehr wird?

Zu gerne würde ich wissen wollen, wie das gehen soll. Und wenn das nicht möglich ist, dann mögen die Experten doch einmal erklären, wie sich unsere Wirtschaft enkeltauglich gestalten lässt.[7]

Was würde passieren, wenn …

Man stelle sich vor, unsere Städte und Regionen würden keine weiteren Gewerbegebiete und Neubaugebiete ausweisen und keine neuen Straßen mehr bauen; der Hamburger Hafen würde alle Erweiterungspläne zu den Akten legen. Was würde passieren, wenn wir einen neuen Fernseher oder das neue Handy nur noch dann kaufen würden, falls das alte Gerät kaputt ist? Und wenn wir das bei allen Gegenständen im Haushalt so tun würden?

Dann könnten die Unternehmen weniger verkaufen und weniger Menschen beschäftigen. Der Markt für Fernseher und Handys würde vermutlich rapide zurückgehen. Arbeitsplätze gingen in der Produktion verloren, überwiegend in Herstellerländern wie China oder Südkorea. In Deutschland wären Arbeitsplätze im Handel gefährdet.

Was wäre, wenn die Visionen der Carsharing-Optimisten wahr würden und es eines Tages nur noch halb so viele Autos in Deutschland gäbe wie derzeit? Was, wenn China zugleich als Leitziel vorgeben würde, dass nur jeder achte Haushalt über ein eigenes Auto verfügen darf? Geschähe dieser Wandel innerhalb von zehn Jahren, die Folgen wären vermutlich niederschmetternd.

Für die Beschäftigten bei V W, B M W & Co. ist es schon bedrohlich, wenn die Absatzzahlen nicht wachsen, während zugleich die Produktivität zunimmt. Steigende Produktivität heißt, dass Jahr für Jahr weniger Menschen benötigt werden, um die gleiche Menge Güter herzustellen. Bei einer Produktivitätsrate von 1,5 Prozent im Jahr müssten von den 70.000 V W-Mitarbeitern in Wolfsburg also jährlich rund 1.000 gekündigt werden, wenn die Zahl der produzierten Golfmodelle stagnieren würde.

Schon heute können die Hersteller Wachstum eigentlich nur noch im Ausland oder mit neuen Geschäftsmodellen generieren. Würde sich der Absatzmarkt für Autos in Deutschland halbieren, käme es zu dramatischen Einbrüchen.

Carsharing ist daher der Albtraum für die deutsche Autowirtschaft. Die Hersteller machen jetzt zwar gute Miene zu der Entwicklung und fungieren selbst als Anbieter. Aber die Hoffnung ist, dass die Begeisterung am Autoteilen sich in Grenzen hält.

Ganz zentral ist die Frage, wie es funktionieren kann, wenn wir Limits definieren und etwa Flugtaxis nicht zulassen. Keine weiteren Straßen bauen, Landebahnen und Häfen nicht ausbauen et cetera. Wenn nicht mehr alles mehr wird – wie funktioniert dann die Wirtschaft?

Zu diesen Fragen findet sich keine konsequente Forschung in Deutschland. Wachstumskritische Ökonomen wie der Brite Tim Jackson oder der Schweizer Hans Christoph Binswanger haben bereits Analysen und Vorschläge vorgelegt. Doch es folgt zu wenig.

Was von Ingenieuren und Politikern zu erwarten ist

Es ist der 4. Oktober 2018. In der Wochenzeitung »Die Zeit« erscheint ein Dossier mit dem Titel »Was kann der deutsche Ingenieur?«. Seit Jahrzehnten werde die deutsche Ingenieurskunst gefeiert, doch seit dem Dieselskandal sei deren Ruf arg beschädigt, heißt es in dem Text. Ein ganzer Berufsstand müsse sich fragen lassen, ob er der Gesellschaft mehr schade als nutze.

Im letzten Drittel beschreibt der Autor ein Problem, das man mit Ingenieurskunst nicht lösen kann – das quasi unendliche Wachstum unseres materiellen Wohlstands. Ingenieure entwickeln neue Produkte, effizientere und effektivere. Aber sie befeuern mit ihren Innovationen fast immer die Expansion.

Ingenieure können Flugzeuge effizienter machen. Doch sie werden nicht die Frage beantworten können, wie man das rasante Wachstum der extrem klimaschädlichen Fliegerei begrenzen kann.

Im Schlussteil gelangt der Autor Marcus Jauer zu dem Fazit: »Es ist der Politiker. Er müsste die Zukunft gestalten. Stattdessen überlässt er das dem Ingenieur, der sich dessen nicht immer bewusst ist und der dafür auch nicht gewählt wurde. So wird die Verantwortung hin und her geschoben, ohne dass die Veränderungen eintreten, von denen inzwischen jeder weiß, dass sie nötig wären.«

Wir sind kurzsichtig

Denken Sie einmal an Ihren ersten Job. Das erste selbstverdiente Geld. Nach und nach haben Sie sich Ihren Haushalt eingerichtet, den ersten Fernseher und ein Auto angeschafft. Schon bald kam die größere und komfortablere Wohnung mit Sonnenbalkon dazu.

All das kostet Geld. Mal ganz ehrlich, hätten Sie zu dieser Zeit freiwillig einen Rentensparvertrag abgeschlossen, der Sie dazu verpflichtet, bis zum 65. Lebensjahr jeden Monat 20 Prozent Ihres Gehalts für den Ruhestand in 40 Jahren zurückzulegen?

In unseren Städten fahren heute fast dreimal so viele Autos wie noch vor 40 Jahren. Der Lärm, der Gestank, das Chaos. Wir haben uns mittlerweile daran gewöhnt – doch das ist falsch: wir müssen anders handeln, nicht anders denken.

Das hätten nur wenige gemacht. Leider ist das so, langfristige Planung fällt uns schwer. Die Rentenversicherung funktioniert nur, weil sie gesetzlich ist und eben *nicht* freiwillig.

Scheinbar paradox: Dieser Eingriff in die Freiheitsrechte macht es erst möglich, dass die Bürgerinnen und Bürger im Alter ihre Freiheitsrechte überhaupt ausüben können. Denn ein Leben in absoluter Altersarmut macht die Teilnahme am gesellschaftlichen Leben unmöglich.

Unser Denken und Handeln fokussiert sich auf die nächsten Tage und Wochen. Einen Urlaub für das nächste Jahr planen, das gelingt vielen noch. Aber wer mag sich schon damit befassen, was in 20 oder 30 Jahren ist?

Für den Umgang mit ökologischen Katastrophen ist das ein Problem. Die Vielfalt der Arten, sie geht seit Jahrzehnten zurück. Doch wir spüren es nicht wirklich. Die globale Erwärmung vollzieht sich, klimatologisch gesprochen, mit einer erschreckenden Geschwindigkeit, wir selbst aber nehmen die Veränderung kaum wahr. Auch dies ist einer der zentralen Gründe, warum wir nicht tun, was wir für richtig halten.

Es ist wie bei einer Zugfahrt. Wenn sich im Bahnhof der Waggon auf dem Nebengleis in Bewegung setzt, ist es schwer zu sagen, ob der eigene oder der andere Zug Fahrt aufnimmt. Selbst rasende Geschwindigkeit empfinden wir als gemächlich, wenn der Nachbarzug geringfügig schneller fährt. Genauso verhält es sich mit den erdgeschichtlichen Veränderungen und unserer persönlichen Wahrnehmung.

Wir passen unser Denken der allmählichen Naturzerstörung an. Wir gewöhnen uns selbst an desaströse Entwicklungen, anstatt unsere Handlungen anzupassen. Das gilt auch für den Verkehr. Stellen Sie sich vor, wie schockierend jemand in den 1970er-Jahren die heutige Verkehrssituation empfunden hätte. In der Hamburger Innenstadt finden sich inzwischen bald dreimal so viele Autos wie damals, also dreimal so viel Lärm, dreimal so viel Gestank, dreimal so viel Chaos. Die Selbstverständlichkeiten von heute hätte man seinerzeit als Horrorszenario wahrgenommen.

Heute ist der Horror normal. Und jetzt fällt es den Menschen umgekehrt schwer, sich eine Innenstadt vorzustellen mit viel weniger Autos. Sie streiten um Parkplätze, drängeln sich an der Ampel vor und beschimpfen einander. Mehr Raum für Radler und Busse und weniger für Autos, das können sich nur wenige vorstellen.

Müssen die Gegner der Braunkohle Ökostrom beziehen?

Es ist Mitte Oktober, die Sonne brüllt, ich sitze mit Jürgen schwitzend in der Sonne. Jürgen: »Ich glaube, ich höre auf mit dem Klimaschutz. Dieses Wetter ist einfach viel zu schön, um es zu bekämpfen.« Das war natürlich ein Scherz.

Aber irgendwie denkt man sich, okay, richtig schlimm fühlt sie sich nicht an, die »Heißzeit«.

Tja, und das ist ja genau das Problem. Es ist einer der Gründe, warum der Einzelne mit dem Klimaschutz überfordert ist oder sich überfordert fühlt.

Anfang des Monats feierten Zehntausende Menschen mit einer Großdemo am Hambacher Forst den vorläufigen Rodungsstopp, den das Oberverwaltungsgericht Münster verfügt hatte – ein wichtiger Erfolg für den Klimaschutz. Wir können davon ausgehen, dass 98 Prozent der Protestierenden in ihrem normalen alltäglichen Leben nicht vollkommen konsequent das tun, was sie beim Klimaschutz für richtig halten.

Gut möglich, dass ihre durchschnittliche CO_2-Bilanz genauso bei elf Tonnen liegt wie bei allen Bundesbürgern. Vielleicht auch etwas niedriger. Obwohl, wie wir wissen, besonders die »Ökos« oft einen höheren Fußabdruck bei den Treibhausgasemissionen haben. Unter anderem, weil sie so gerne in ferne Länder fliegen.

Bei der Demo spielt dieser scheinbare Widerspruch aber gar keine Rolle. Die Demonstrierenden müssen nicht in Askese leben, um gegen Braunkohlestrom zu kämpfen. Sie müssten nicht einmal Ökostrom beziehen.

Man kann das System verändern, auch ohne sich selbst zu ändern. Wobei: Schaden tut es natürlich nicht, wenn man selber in Solarstrom investiert oder auf Ökostrom umstellt.

Was uns die Neurologie über Routinen sagt

Es ist wohl jedem bekannt, dass der Klimawandel katastrophale Folgen für die Menschheit haben kann und in vielen Regionen der Welt auch heute schon hat. Niemand wird sagen: »Huch, das höre ich jetzt zum ersten Mal!«

In den Medien werden wir ermahnt, unser Verhalten zu verändern und weniger Ressourcen zu verbrauchen. Doch wir tun nicht, was wir für richtig halten, weil die Informationen nicht unsere Routinen ändern.

Das lässt sich auch neurologisch erklären: Routinen sind sehr tief im Gehirn verankert. Wenn wir neue Fähigkeiten und Verhaltensmuster erlernen, wird zunächst die Großhirnrinde aktiv. Dort sitzt die Zentrale für unser bewusstes Tun, was man im MRT auch sehr schön beobachten kann.

Je mehr eine Handlung zur Gewohnheit wird, desto tiefer wandern die Hirnsignale. Versuche zeigen, dass Menschen oftmals an Routinen festhalten, selbst wenn sie nicht mehr davon profitieren.[8] Ganz offensichtlich ist das beim Rauchen von Tabakwaren.

Ja, aber die Arbeitsplätze

Jeder kennt die Schilder im Hotelbadezimmer, die daran appellieren, die Handtücher auf den Haken zu hängen, um die tägliche Wäsche zu vermeiden: »Leisten Sie einen Beitrag zum Umweltschutz.«

Ich stelle mir jetzt vor, dort stünde: »Können Sie sich vorstellen, wie viele Arbeitsplätze verloren gehen, wenn Sie Ihr Handtuch am Haken lassen? Leisten Sie einen Beitrag für die Wirtschaft. Werfen Sie Ihr Handtuch auf den Boden, damit es täglich gewaschen wird. Das sichert Jobs und Beschäftigung und ist gut für den Wohlstand.«

Klingt absurd? Genau das ist der Normalfall. Deswegen werden heute immer noch ganze Dörfer weggebaggert und Flughäfen ausgebaut. Und deshalb gibt es auch kein Tempolimit auf der Autobahn oder eine blaue Plakette für saubere Autos, weil das ja womöglich Arbeitsplätze gefährden könnte. Auch die National Rifle Association, die mächtige Waffenlobby der USA, ist sich nicht zu schade, das Jobargument zu bemühen, um jede Regulierung der Waffengesetze abzuschmettern.

Was hilft denn der gesunde Wald, was das intakte Klima, wenn die Menschen keine Arbeit haben? Gute Frage. Dann also erst mal den Wald »verbrauchen«. Den Hinweis unter Mails »Save Paper – Think Before You Print« ändern wir in: USE PAPER AND PRINT – DON'T LET THE ECONOMY SHRINK.

Müssten wir uns nicht vielmehr fragen: Was helfen die Jobs, wenn sie der Selbstzerstörung dienen? Und was ist mit den Jobs, die dem Klimaschutz dienen?

Es ist verständlich, dass Stromkonzerne im Bündnis mit den Gewerkschaften der Braunkohleindustrie die Energiewende ausbremsen wollen. Nachvollziehbar ist auch die Sorge um Stellenabbau und Jobverlust.

Aufgabe der Politik ist es jedoch, nicht nur auf partielle Interessen einzugehen, sondern das Ganze, die ganze Gesellschaft, im Blick zu haben. Inzwischen verdienen weit mehr als 360.000 Menschen mit erneuerbaren Energien ihr Einkommen. In der Braunkohleindustrie sind noch 20.000 Menschen beschäftigt. Da müsste eigentlich klar sein, was zu tun ist.

Haben Sie Visionen? Können Sie sich vorstellen, dass Reformen und Veränderungen positive Effekte haben? Gut so! Denn: Wer *keine* Visionen hat, sollte zum Arzt gehen.

Unterwegs

Freitagnachmittag. Feierabend. Wochenendstimmung. Wenn da nicht der Verkehr wäre. Wo man hinschaut, die Straßen sind verstopft. Fast 50 Millionen Pkw sind in Deutschland mittlerweile zugelassen, dazu kommen noch mal drei Millionen Lkw und vier Millionen Motorräder. Als wäre das nicht längst schon viel zu viel, wächst die Fahrzeugdichte immer weiter. Allein in den letzten zehn Jahren kamen sieben Millionen weitere Kraftfahrzeuge hinzu.

Dabei sprechen Umfragen regelmäßig eine ganz andere Sprache. Die Mehrheit der Bundesbürger ist vom ewigen Stau genervt, 90 Prozent wünschen sich weniger Autos in der Stadt. Viele junge Leute wollen gar kein Auto mehr besitzen. Carsharing wird immer beliebter, die Nutzung von E-Bikes, mit denen sich auch längere Strecken mühelos zurücklegen lassen, wächst rasant. Haben diese Entwicklungen denn gar keinen Effekt?

Leider nein. Entgegen der kollektiven Selbstimagination hat sich die Situation verschlimmert. Die Energiewende ist – zwar langsam, aber immerhin – auf dem Weg, die Verkehrswende findet nicht statt. Auch beschauliche Städtchen wie Münster oder Osnabrück müssen einräumen, dass der Autoverkehr in der Stadt in den vergangenen Jahren noch mal um zehn bis 15 Prozent zugelegt hat.

Bei keinem anderen Thema ist die Bilanz der letzten zwanzig Jahre so düster wie beim Verkehr. Die Energiewirtschaft hat ihre CO_2-Emission um fast 30 Prozent verringert, die Industrie um ein Drittel, und bei Gebäuden liegt die Reduktion bei 40 Prozent. Nur bei der Mobilität, da gibt es keine Fortschritte.

Vielen Bürgerinnen und Bürgern ist klar, dass es langfristig nicht so weitergehen kann wie bisher. Beim Abendessen mit Freunden ist Klimaschutz immer häufiger ein Thema. Alle sind sich einig, dass etwas getan werden muss gegen die globale Erwärmung. Der Hitzesommer 2019 hat deutlich vor Augen geführt, dass es ohne entschiedenen Klimaschutz nicht geht. Nach dem Abendessen fahren die Gäste dann mit dem Auto nach Hause, womöglich keine drei Kilometer.

Erklärungen sind leicht bei der Hand. Man müsse ja nicht gleich sofort und bei sich selbst anfangen. Außerdem bringe es nichts, wenn einer sein Auto stehen lässt, aber alle anderen weitermachen wie bisher. Und sowieso seien China oder Indien die sehr viel größeren Produzenten von Treibhausgasen. Das bisschen CO_2, das man selbst, ja selbst ganz Deutschland verursacht, falle da doch kaum ins Gewicht.

Individuell betrachtet, ist das eine ganz rationale Überlegung. Schließlich kann der zum Klimaschutz geneigte Bürger seine Nachbarn nicht zwingen, auf das Auto zu verzichten. Auch werden es nur wenige wagen, ihn darauf anzusprechen. Wer möchte schon als Miesepeter dastehen. Und so führt das individuell rationale Verhalten zu einem kollektiv irrationalen Ergebnis. Niemand will den Klimawandel, niemand will sinnlos Ressourcen verfeuern. Trotzdem passiert es.

Dass die Zahl der Fahrzeuge immer weiter zunimmt, ist gar kein Problem, erwidern viele Experten aus der Autobranche. Schließlich würden die Autos ja immer effizienter und klimafreundlicher. Mag sein. Doch für den Klima- und Umweltschutz bringt das wenig, weil die Kraftfahrzeuge immer schwerer und leistungsstärker werden. Im Schnitt hatte im Jahr 2018 jeder Neuwagen 152 PS unter der Haube. Im Jahr 1995 waren es noch 95 PS.[9] Diese Entwicklung wird sogar politisch befördert durch das sogenannte Dienstwagenprivileg.[10] Zwei Drittel aller Pkw werden in Deutschland als Dienst- beziehungsweise Firmenwagen gekauft, Tendenz steigend.[11]

Zugleich hat der Straßengüterverkehr dramatisch zugenommen, weil Unternehmen ihre Lager auf die Straße verlegt haben – »Just in Time«, auf Kosten von Steuerzahlern und Umwelt. Um 20 Prozent liegen die CO_2-Emissionen des Lkw-Verkehrs mittlerweile über dem Niveau von 1995.

Ein System der organisierten Verantwortungslosigkeit hat sich etabliert. Und alle machen mit. Weil wir Kartoffeln aus Ägypten kaufen statt bei den Bauern aus der Region. Weil an den Flug- und Seehäfen immer mehr Überflüssiges landet und ins Land gekarrt wird. Weil selbst die Herstellung einer einfachen Lasagne auf fünfzehn Nationen verteilt ist.

Eine Politik für enkeltaugliche Mobilität sorgt hingegen für kurze Wege zu Einkaufsmöglichkeiten für den alltäglichen Bedarf. Sie schafft eine exzellente Anbindung zum kostengünstigen Nahverkehr und sorgt für verlängerte Wege zum Auto. Sie reduziert schrittweise die Stellplätze und fördert den Einsatz von besonders sparsamen Personenwagen. Und sie traut sich, die steuerliche Begünstigung von Dienstwagen und Dieselkraftstoff endlich abzuschaffen.

Ein Limit für neue Straßen

Ein Straßenbaustopp – das klingt zunächst wie eine verrückte Forderung. Und dennoch gab es sogar eine Petition dazu. Viel Geld könnte so gespart werden, rechnete die Petition »Straßenbaumoratorium« damals vor. Schon jetzt sei ein gewaltiger Sanierungsstau aufgelaufen, argumentierte die Bürgerinitiative, die die Petition beim Deutschen Bundestag eingereicht hatte. Mit jeder weiteren Straße würden die Unterhaltungskosten weiter steigen und die Mittel zum Erhalt der bestehenden Infrastruktur blockieren.[12]

Ein Moratorium würde nicht nur die Finanzhaushalte von Bund und Ländern entlasten, sondern auch die der Kommunen. Denn allen Klagen über klamme Kassen zum Trotz ist allerorts noch Geld für Erweiterungs- und Umgehungsstraßen da. Und dies, obwohl die öffentlichen Haushalte schon jetzt kaum in der Lage sind, die Bestandsstraßen in einem verkehrssicheren Zustand zu halten, weil viel zu wenig Geld für die Instandhaltung vorhanden ist.

Nur wenn *keine* Straßen aus- oder neu gebaut werden, lässt sich vermeiden, dass der Lkw-Verkehr weiter drastisch zunimmt und der Verkehrssektor noch klimaschädlicher wird. Die frei werdenden Mittel investiert der Verkehrsminister stattdessen in die Bahn und ermöglicht so einen echten Schritt in Richtung Verkehrswende. In der Folge werden Spediteure ihre Routinen ändern.

Keine Lust auf Stau: Ein Limit für Autos

Die Straßen sind verstopft, und die Blechverschmutzung unserer Städte verschlimmert sich permanent. Was kann man dagegen unternehmen?

Ganz einfach, wir legen eine Obergrenze fest. Das habe ich bereits in »Ökoroutine« vorgeschlagen. Damals habe ich das noch für revolutionär gehalten. Doch Singapur hat jetzt genau diesen Beschluss gefasst.

Seit dem 1. Februar 2018 gibt es dort nur dann noch eine Zulassung für einen Privatwagen, wenn zuvor ein anderes Auto verschrottet wurde und das nötige Zertifikat somit wieder auf den Markt kommt. Nullwachstum im privaten Autoverkehr – und kein Volksaufstand ist in Sicht.

Schon heute ist die Autodichte Singapurs deutlich geringer als in anderen Städten. Auf zehn Bewohner kommt hier ein Privatwagen, in

Eine Citymaut ist das eine, eine Pkw-Zulassung wie in Singapur, für die man zwischen 30.000 und 60.000 Euro berappen muss, das andere. Klar, dass so etwas hilft: Die Zahl der Autos geht dort drastisch zurück.

München sind es fast fünfmal so viele. Der Grund: Eine Pkw-Zulassung kostet zwischen 30.000 und 60.000 Euro. Das hat auch die Gutverdiener abgeschreckt.[13]

Es ist also sehr teuer, in Singapur ein eigenes Auto zu unterhalten. Aber die Regierung zockt die Leute nicht einfach ab, sie bietet auch etwas. Das Netz aus Bussen und Bahnen ist exzellent und wird unermüdlich erweitert. Die Ticketpreise sind zudem sehr günstig. Und da so viele Menschen den Nahverkehr nutzen, sind keine Steuerzuschüsse erforderlich.

In Deutschland könnte das Kraftfahrt-Bundesamt den Zuwachs an neuen Autos stabilisieren, also deckeln. Möglich wäre sogar eine schrittweise Reduktion.

Nach jeder Verschrottung würde ja eine Lizenz frei. Doch wer soll entscheiden, wer von den Bewerbern eine Lizenz für die Anmeldung eines Neuwagens bekommt? Nun, zunächst einmal könnte man festlegen, dass jeder, der einen Wagen abmeldet, auch eine neue Lizenz bekommt. Diese wird sehr begehrt sein. Wer sie nicht benötigt, kann verkaufen. Da winkt ein gutes Geschäft, wenn die Nachfrage groß ist.

Möglich wäre auch eine Lotterie oder Auktion. Wer hier nicht zum Zug kommt, würde im Folgejahr bevorzugt. Die Nutzungsdauer der Fahrzeuge verschafft den Interessenten beträchtlichen Spielraum.[14]

Von Dänemark lernen: Gebühren für den Neuwagen

Im Fernsehen läuft eine Dokumentation über die Verkehrspolitik in Dänemark. Für deutsche Verhältnisse ist es extrem teuer, dort einen Privatwagen zu halten. Die Dänen finden das normal.

Ich bin mir sicher, wenn das bei uns auch so teuer werden würde, schrittweise, dann hätten Busse und Bahnen mehr Zulauf. Und in den Städten würden mehr Menschen den Wagen abschaffen.

Würde man für jede Neuzulassung fünf Euro je Gramm CO_2 verlangen, das ein Auto pro Kilometer verursacht, stünden bei einem durchschnittlichem Emissionswert von 130 Gramm mehr als zwei Milliarden Euro Investitionsmittel für den Umweltverbund zur Verfügung.[15] Für einen Golf beispielsweise wären dann 730 Euro zu berappen.[16] Das ist kein großer Betrag, wenn man bedenkt, dass jeder Pkw in Deutschland rund 2.000 Euro im Jahr an Kosten verursacht, die von der Allgemeinheit getragen werden.[17]

Auch ergibt sich aus der Gebühr kein unmittelbarer finanzieller Anreiz, die Anschaffung eines Autos zu vermeiden. Denn nach dem Kauf ist die Gebühr innerlich abgehakt, und die anschließende Nutzung des Automobils bleibt unbeeinflusst. Aber in jedem Jahr macht die Gebühr die Ökoalternativen attraktiver.

Steuern und Abgaben wie in Dänemark oder Singapur sind hierzulande zwar gegenwärtig undenkbar. Doch mit den fünf Euro je Gramm Kohlendioxidausstoß wäre ein Anfang gemacht, der noch Luft nach oben hat.

Wohlstandstourismus

Im Sommer 2018 thematisiert die Wochenzeitung »Die Zeit« den Wahnsinn des Flugverkehrs unter dem Titel »Die Hölle am Himmel«. Beschrieben wird dort auch ein Paar, das auf dem Flughafen Düsseldorf auf den Weiterflug nach Málaga wartet. Die beiden haben jeweils nur 40 Euro gezahlt, Hin- und Rückflug inklusive. Für die Parkgebühren am Flughafen Düsseldorf zahlen sie in der Zeit 140 Euro.[18]

Dumpingpreise haben die Vielfliegerei überhaupt erst möglich gemacht. Was wäre, wenn man eine Kerosinsteuer erheben würde, so wie es die Niederlande machen? Sie sind das einzige Land, das Flugbenzin besteuert. Sie machen einfach das, wovon in Deutschland die meisten behaupten, dass es nicht geht.

Und die Mehrwertsteuer? Genau, Flugtickets gibt es ohne Mehrwertsteuer, doch für Bahnfahrkarten zahlen wir 19 Prozent. Das ist nicht nur nicht fair, das ist ein Unding!

Einmal angenommen, eine Kleinfamilie zahlt für den Flug von Hamburg nach Lissabon rund 500 Euro. Sie fliegt regelmäßig dorthin, um Verwandte zu besuchen. Kämen Kerosin- und Umsatzsteuer dazu, läge der Preis bei 800 Euro. Das wäre keine Katastrophe, aber die Familie würde wohl ein-, zweimal weniger nach Lissabon fliegen.

Wir leben im Wohlstandstourismus. Eine Erholung am anderen Ende der Welt ist aber nicht möglich, ohne genau diese Welt zu zerstören.[19]

Richtig ist, jeder soll frei entscheiden dürfen, wohin es in den Ferien geht. Doch ein Menschenrecht auf Billigflüge gibt es nicht.

Das Fliegen limitieren statt Malle für alle

Viel wichtiger als eine Steuer auf Flugbenzin ist die Begrenzung der Fliegerei. Da wir offenbar nie genug haben können, müssen wir systemische Grenzen setzen. Limits für Starts und Landungen auf Flug-

Im Provinzflughafen Münster-Osnabrück stecken inzwischen 100 Millionen Euro kommunale Subventionen. Mit Steuermitteln werden die Menschen zum Fliegen animiert. Angeblich war dieser Flughafen wichtig für die Wirtschaft. Doch ein Blick auf die Abflugtafel verrät, es ist ein Urlaubsflughafen. Er hat nur dazu beigetragen, dass die Menschen noch mehr fliegen.

häfen können dabei helfen, dass wir unsere gesellschaftliche Verantwortung auch wahrnehmen – ohne ständig daran denken zu müssen.

Möglich wäre auch die Limitierung der Passagierzahlen pro Flughafen. Ziel ist zunächst, den Flugverkehr auf das gegenwärtige Niveau
zu begrenzen. Da die Flieger zugleich immer effizienter werden, also
weniger Treibstoff verbrauchen, würden die extrem klimawirksamen
Treibhausgase bereits mit diesem moderaten Schritt zurückgehen.

Gegenwärtig geschieht das Gegenteil. Die Zahl der Passagiere
wächst jedes Jahr weiter und damit auch die Klima- und Umweltbe-
lastung des Fliegens. Begründet wird das ungebremste Wachstum mit
den immer gleichen Plattitüden: Das schaffe Arbeitsplätze und sei
wichtig für den Wirtschaftsstandort. Ohne Limits wird es nicht gehen.

Demo am Terminal

21. Oktober 2018, Flughafen Frankfurt am Main. Rund tausend Menschen demonstrieren gegen ein weiteres Terminal, es ist der siebte Jah-
restag der Eröffnung der Landebahn Nordwest. Seit Jahrzehnten gibt
es Proteste gegen die ständigen Erweiterungen des Flughafens, angefangen mit den Demos gegen die »Startbahn West« vor 40 Jahren.

Trotzdem wird immer weiter gebaut, folgen immer weitere Flug-
steige. Noch mehr Flüge und noch mehr Passagiere. Jetzt soll auch
noch ein neues Abfertigungsgebäude, »Terminal 3«, für bis zu 25 Millionen Passagiere pro Jahr entstehen.

Klar, die Leute demonstrieren vor allem, weil sie persönlich betroffen sind. Der Lärm ist unerträglich. Eigentlich bleibt nur eines:
wegziehen. Doch die Häuser haben an Wert verloren, während überall die Preise rasant gestiegen sind.

Haben sich dort schlichtweg Egoisten versammelt, die nach dem
Prinzip demonstrieren: »Not in my backyard«? Leute, die selber regel-
mäßig fliegen und mit dem Auto die Innenstädte verlärmen, aber die
Konsequenzen nicht in ihrer Nachbarschaft ertragen wollen?

Doch hier geht es um mehr als um Fluglärm. Darum bin ich dort
und spreche bei der Demo über Ökoroutine und Limits.

Bei dieser Demo geht es um die Zukunft unserer Enkel. Es ist wohl richtig, dass die meisten Demonstrierenden nicht für Klimaschutz kämpfen, sondern nur gegen die Startbahn, gegen den Lärm. Und ja, sie nutzen das Argument Klimaschutz als Trägerargument für den Kampf gegen Fluglärm. Aber sie tun das Richtige!

Wir können die Klimahitze nicht stoppen, wenn zugleich der Luftverkehr immer weiter zunimmt. Im Jahr 2004 lag die Zahl der beförderten Personen in Deutschland noch bei 135 Millionen. Gut zehn Jahre später, im Jahr 2017, waren es schon 212 Millionen.

Der geplante Ausbau der Flughäfen in Frankfurt, München und Hamburg ist ein Sündenfall, ein Frevel gegenüber den zukünftigen Generationen. Was ich mir wünsche: dass viel mehr Menschen gegen die Ausbaupläne demonstrieren.

Solidarisiert euch! Ich fordere keinen Verzicht – aber Engagement für eure Kinder und potenziellen Enkel!

Also: Macht mit!

<hr />

Mein Freund lebt in Portugal

Neulich rief mich ein Journalist an. Herr Karnliczek, so soll er hier heißen, steckte in einem Dilemma. »Ich habe einen Freund in Spanien und fliege zweimal im Monat dorthin«, erzählte er. »Eigentlich will ich das gar nicht. Ich finde, das ist schlimm. Aber was soll ich jetzt machen?«

Billigflüge haben solche Wochenendbeziehungen überhaupt erst möglich gemacht.

»Eine Möglichkeit wäre«, sagte ich, »die Flüge über Organisationen wie atmosfair zu kompensieren und so Klimaschutzprojekte zu unterstützen.« Doch die freiwilligen Spenden zur CO_2-Kompensation reißen es natürlich nicht raus. Herr Karnliczek würde die Zunahme des Flugverkehrs dadurch nicht verhindern.

»Sie können zweimal im Jahr an einer Demonstration gegen den Ausbau des Frankfurter Flughafens oder des Flughafens in München teilnehmen«, schlug ich vor.

Und dann überlegte ich: Wenn nur zehn Prozent aller deutschen Fluggäste – das wären rund 3,5 Millionen Menschen – einmal im Jahr an einer Demo gegen Flughafenausbau teilnehmen würden, könnte der Ausbau nicht mehr so forciert vorangetrieben werden wie jetzt.

Quelle für die Zahl von 3,5 Millionen: Verbraucherumfrage 2018 des Bundesverbands der Deutschen Luftverkehrswirtschaft – demnach haben 43 Prozent in den vergangenen zwei Jahren ein Flugzeug benutzt, das macht bei 82 Millionen Deutschen rund 35 Millionen.

Tempo 130: Ohne Menschenverstand

19. Januar 2019. Bundesverkehrsminister Andreas Scheuer (CSU) hat Überlegungen der von ihm selbst eingesetzten Kommission strikt zurückgewiesen, für den Klimaschutz auch ein Tempolimit auf Autobahnen und höhere Dieselsteuern in Betracht zu ziehen. Solche Vorschläge seien »gegen jeden Menschenverstand« gerichtet, sagte Scheuer.

»Forderungen, die Zorn, Verärgerung, Belastungen auslösen oder unseren Wohlstand gefährden, werden nicht Realität und lehne ich ab«, erklärte der Minister.

Zorn und Verärgerung löst bei mir Scheuers Absage aus.

Die Vorzüge eines Tempolimits muss ich gar nicht ausführen. Jeder weiß, dass es nur positive Effekte gibt – beim Lärm, bei der Umweltverschmutzung und bei der Zahl der Unfallopfer.

In Deutschland schütteln viele den Kopf, wenn vom Waffenbesitz in den USA die Rede ist. Genauso absurd erscheint den Amerikanern die Raserei auf unseren Autobahnen.

Ein Tempolimit hätte noch einen weiteren positiven Effekt: Es gibt dann keinen Grund mehr, warum noch übermotorisierte Schwergewichtsfahrzeuge mit gewaltigen Antrieben gebaut werden sollten. Die Höchstleistung der Fahrzeuge könnte ab Werk drastisch sinken. Es würde genügen, eine entsprechende Änderung der Straßenverkehrszulassungsordnung anzukündigen, beispielsweise für das Jahr 2025, damit die Autobauer genügend Zeit haben, sich darauf einzustellen.

Fahrzeuge mit eingebautem Tempolimit würden über einen leichteren und extrem sparsamen Motor verfügen. Die moderat motorisierten Modelle wären deutlich leichter und somit viel effizienter als bisherige Fahrzeuge.

Tempo 30: Keine Schikane *(vgl. G 88*)*

Ebenso einfach und wirkungsvoll wäre Tempo 30 in den Städten. Ein alter Freund, dem Umweltpolitik auch sehr wichtig ist, meinte dazu: »Das ist reine Schikane!« Das hat mich wirklich überrascht, zeigt aber noch einmal, dass beim Thema Autoverkehr die Emotionen oft schwerer wiegen als die Fakten.

Zunächst: Es geht mir gar nicht darum, dass überall Tempo 30 gilt. Doch ich plädiere dafür, dass die Städte selbst entscheiden können, wo. Fallweise können das auch Hauptstraßen sein. Bislang ist das nicht möglich. Deshalb: Gebt den Städten mehr Freiheit!

Die Vorteile der gemäßigten Geschwindigkeit sind überwältigend. Und gleich vorweg: Man kommt gar nicht viel langsamer ans Ziel. Denn die Durchschnittsgeschwindigkeit etwa in Berlin liegt ohnehin bei höchstens 24 Stundenkilometern.[20]

Die Sicherheit erhöht sich schon allein dadurch drastisch, dass sich der Bremsweg fast halbiert – lebensrettende Meter in Gefahrensituationen.[21] Die Zahl der Fahrradfahrer nimmt zu – im britischen Bristol zum Beispiel um zwölf Prozent –, weil sich ihr Sicherheitsgefühl erhöht.[22] Der Verkehr wird flüssiger, und Beschleunigungs- und Bremsvorgänge verringern sich. Das mindert deutlich die Abgas- und Lärmemissionen. Weniger Schadstoffe, weniger Lärm und mehr Radfahrer – all dies ist gut für die Gesundheit.

Doch nach wie vor sind die bürokratischen Hürden enorm zeitaufwendig, wenn Kommunen Tempo-30-Zonen ausweisen wollen. Nur manchmal dürfen sie das Limit vorgeben. Viel einfacher wäre es, wenn sich die Ausgangssituation umdreht, Tempo 30 die Regel ist und für ausgewählte Straßen Tempo 50 zugelassen werden muss.

Dass der Vorschlag nicht abwegig ist, zeigt die österreichische Stadt Graz. Schon vor 20 Jahren führte sie im ganzen Stadtgebiet Tempo 30 ein. Zu Beginn hielten das nur 40 Prozent für eine gute Idee. Vier Jahre später hatte sich die Zustimmung zu einem generellen Tempolimit auf rund 80 Prozent erhöht.

* Siehe zu diesem Abschnitt Grafik S. 88.

Auch mein Freund hat inzwischen seinen Blick auf das Konzept Tempo 30 geändert. »Eigentlich«, meint er jetzt, »werden durch den Straßenlärm ja besonders die Anwohner schikaniert.« Genau, und das könnte man mit einer gemäßigten Geschwindigkeit ändern.

Veröffentlichte Meinungen zu Tempo 30 in Wohngebieten (1976–1988)

Köln will Tempo 30 erzwingen – Verkehrsexperten haben Bedenken
Der Spiegel 05/1976

Tempo-30-Schilder in Wohngebieten nützen nichts. Kaum ein Autofahrer hält sich dran
Der Spiegel 41/1977

Tempo 30 ist sinnlos
DIE ZEIT, 30. Januar 1976

Deutsche Autofahrer sind nur durch Schikanen zu stoppen
Der Spiegel 35/1979

Tempo 30 – Verkehrsexperten wissen längst: Schilder helfen nicht
DIE ZEIT, 10. September 1982

Bayerischer Politiker hat »das Gesabbel über Tempo-Limit« satt
Der Spiegel 40/1985

Tempo 30 ist teuer
DIE ZEIT, 22. Juli 1985

Die Zahl der Staus wird sich drastisch vermehren
DIE ZEIT, 2. März 1984

Ohne jeden Menschenverstand? Klingt heute absurd: Über Tempo 30 in Wohnstraßen wurde in den 1980er-Jahren heftig gestritten.[23] Wir können uns den zukünftigen Nutzen von Reformen nur schwer vorstellen.

Warum ein Automann zum Bahnfahrer wurde

Neulich hatte ich im Zug eine interessante Unterhaltung. Wir sitzen zu zweit im Abteil, plötzlich gibt es diese Ansage: »Der Zug kann bis auf Weiteres nicht weiterfahren. Grund ist die technische Störung an einem Waggon.«

Ich bin auf dem Weg zu einem Vortrag, also etwas unter Zeitdruck. Leicht genervt sage ich: »Da gibt es mal keine Störungen auf der Strecke, dann ist halt ein Wagen kaputt.«

Der Mann im Businesslook gegenüber: »Ja, das ist ja irgendwie normal. Ich rege mich darüber schon gar nicht mehr auf.«

Wir plaudern über Anschlusszüge und die Bahn im Allgemeinen. Beide haben wir eine Bahn Card 100. Im Laufe des Gesprächs – gerade sind Elektroautos das Thema – stellt sich heraus, dass der Businessmann in der Automobilindustrie arbeitet.

»Ach«, sage ich, »und warum fahren Sie mit der Bahn, sogar mit einer Bahnflatrate?«

»Wissen Sie«, sagt der Automann, »das war so: Vor einigen Jahren habe ich mir den Fuß gebrochen. Daraufhin meinte der Chirurg, ich könne jetzt ein Jahr kein Auto fahren. Das war für mich ein ziemlicher Schock. Aber nach einiger Zeit wurde mir klar, dass ich ja auch mit der Bahn fahren kann. Irgendwann war das Jahr dann um. Und ich konnte mir gar nicht mehr vorstellen, mit dem Auto zu fahren.

Wenn ich jetzt nach Hause komme, sind die Berichte geschrieben, die Listen fertig, und ich habe meistens Feierabend. Früher musste ich mich dann noch Stunden an den Schreibtisch setzen. Außerdem ist es ziemlich gefährlich, nach einem Arbeitstag völlig übermüdet lange Strecken mit dem Auto zu fahren. Und wenn dann ein Unfall passiert, kann es Probleme mit der Versicherung geben. Deswegen ist es für mich auch nicht so schlimm, wenn es mal etwas später wird mit der Bahn.«

Diese Unterhaltung hat bei mir lange nachgewirkt. Ich kann mir nicht vorstellen, dass eine gute Broschüre oder ein toller Fernsehbericht den Automann zum Bahnfahrer hätte wandeln können. Ohne es zu wissen, hat der Herr im Businesslook das Konzept der Ökoroutine auf den Punkt gebracht: Verhältnisse ändern Verhalten.

Der kleine Tom hat eine Frage …

Tom ist zehn Jahre alt, spielt gerne Fußball und fragt seine Mutter:

»Wie kommt es eigentlich, dass alle zum Training mit dem Auto gebracht werden. Und wir, mit dem weitesten Weg, fahren mit dem Fahrrad?«

Die Mama kenne ich seit vielen Jahren. Birgit wohnt mit Tom in Hannover. Nach einem Umzug verlängerte sich der Weg zum Sportplatz auf fast sechs Kilometer. Das ist sportlich. Aber genau darum geht es ja beim Fußball. Um den Sport. Trainiert wird auch bei Regen. Da sind die Trainer knallhart.

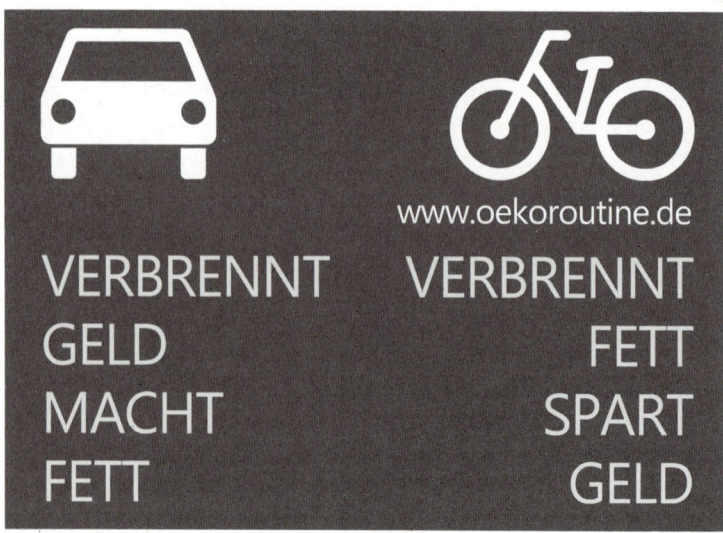

VERBRENNT GELD MACHT FETT

www.oekoroutine.de

VERBRENNT FETT SPART GELD

Aber die Eltern, die sind ganz weich, schon bei den ersten Regentropfen. Und die sportliche Ambition endet an der Außenlinie. Die zwei bis drei Kilometer nach Hause, da holen Mama oder Papa die Kinder ab. Das ist leider die Routine.

Das ist verständlich, heißt aber auch: Diese Menschen werden ihre Routine nicht für ein abstraktes Ziel wie den Klimaschutz ändern. Sie werden ihr Verhalten nur infrage stellen, wenn sich die Verhältnisse ändern.

Statt mehr Parkplätze brauchen wir mehr Grün. Statt mehr Straßen benötigen wir mehr Radschnellwege und Straßenbahnen. Und statt einer steuerlichen Förderung von Dienstwagen sind günstige und verständliche Tarife für den Nahverkehr angesagt.

Dafür sollten sich die Taxi-Mamas und Taxi-Papas engagieren, statt über verstopfte Straßen zu klagen.

Nimm nicht den Fahrstuhl!
Bewegung ist kein Opfer!

Es gehört schon lange zu meinen Prinzipien, Fahrstühle zu meiden. Ich nehme die Treppe und sehe das sportlich. Ich nutze solche Gelegenheiten, um mich fit zu halten. Letztes Jahr hatte ich einen Termin im Bundesministerium für Bildung und Forschung. Das Gebäude hat ungefähr 15 Stockwerke, die Besprechung war in der 13. Etage. Und es war auch noch ziemlich heiß. Egal, ich bin die Treppen rauf. Runter fahre ich dann mit dem Fahrstuhl, das ist ja, sportlich betrachtet, ambitionslos.

Man kann es natürlich auch ökologisch betrachten: Treppensteigen als Beitrag für den Klimaschutz. Ganz ehrlich, genau so habe ich argumentiert, als ich auf der Oberstufe war. Ich war jung und hatte

STROMVERBRAUCH IM AUFZUG

Sie verbrauchen gerade 150 Wh Strom

Damit könnten Sie
- 7 Becher Kaffee kochen
- 3 Stunden Musik hören
- 8 Stunden Ihren Kühlschrank betreiben

Mit der Treppe können Sie
- Ihren Kreislauf in Schwung bringen
- Ihre Gelenke beweglich halten
- Kalorien verbrauchen

Der Aufzug ist für schwere Lasten gedacht und für Personen, die auf ihn angewiesen sind.

Nutzen Sie mit der Treppe eine kostenlose Bewegungseinheit und beugen Sie in Ihrem Alltag dadurch vielen Krankheiten vor.

In den Fahrstühlen der Universität Lüneburg erzählen Aufkleber etwas über Stromverbrauch und Bewegung. Und auf allen Fenstern klebt der Hinweis »Stopp! Erst Heizung runter, dann Stoßlüften«. Solche »Schubser« appellieren zwar nur an die Vernunft, können aber recht effektiv sein.

überzogene Vorstellungen. Um Strom zu sparen, würden wohl nur die wenigsten den Fahrstuhl meiden. Kann man die Menschen trotzdem dafür gewinnen?

Man kann es zumindest versuchen, dachten sich zumindest einige Studierende der Uni Lüneburg. Ich war dort einige Jahre Lehrbeauftragter. An einem Tag hatte ich das Schloss für mein Faltrad vergessen. Ich möchte also das Rad in den Seminarraum mitnehmen und steige in den Fahrstuhl. Dort sehe ich einen Aufkleber, der über den Stromverbrauch des Aufzugs berichtet: »Sie verbrauchen gerade 150 Wattstunden Strom! Damit könnten Sie sieben Becher Kaffee kochen, drei Stunden Musik hören, acht Stunden Ihren Kühlschrank betreiben.«

Klein darunter: »Der Aufzug ist für schwere Lasten gedacht und für Personen, die auf ihn angewiesen sind. Nutzen Sie mit der Treppe eine kostenlose Bewegungseinheit und beugen Sie in Ihrem Alltag dadurch vielen Krankheiten vor.«

Das nennt man Nudging, zu Deutsch: schubsen …. Querverweis.

In der Verkehrspolitik ist das Nudge-Konzept vielerorts bereits etabliert. Komfortable Radwege und gute Bus- und Bahnverbindungen schaffen förderliche Gelegenheitsstrukturen, die umweltfreundliche Mobilität begünstigen. Zugleich ist es aber ebenso wichtig, dass Autofahren und Parken weniger bequem werden. Wenn der Weg zum geparkten Auto weiter ist als zur nächsten Bus- oder Bahnhaltestelle, entscheiden sich die Menschen nachweislich häufiger für die umweltfreundliche Variante.[24] Diese Politik des Förderns und Forderns hilft ihnen dabei, das zu tun, was sie für richtig halten.

Dumm gelaufen

Per Twitter erreicht mich diese Bildfolge. Gute und breite Radwege in Amsterdam und London, ein absurder Zickzack-Weg in Berlin. Ich hielt das zuerst für einen Scherz. Doch es stimmt wirklich.

Okay, das ist einfach dumm gelaufen, kann man dazu sagen. Man könnte aber auch zu der Einschätzung gelangen, wir Deutschen stellen uns im Vergleich zu vielen anderen Ländern in Europa echt dämlich bei der Förderung des Radverkehrs an.

Es geht mir nicht darum, dass wir zu blöd sind, einen Radweg zu markieren. Wir sind einfach zu mutlos, wenn es darum geht, mehr Raum und Sicherheit für Radfahrer zu schaffen. Der zuständige Berliner Bezirk hat die Zickzack-Markierung übrigens inzwischen wieder entfernt.

Reisen wie zur Zeit der Postkutsche

Wir leben in einer Gesellschaft der Beschleunigung. Schneller ist besser. Schon ein geringer Zeitvorteil reicht vielen Geschäftsleuten aus, um für eine Reise von Hamburg nach Bonn in den Flieger zu steigen. Der Staat baut neue Autobahnen und Bundesstraßen, damit wir schneller reisen können. Die Schnellstrecken der Bahn folgen demselben Mantra. Schneller ist besser.

Doch stimmt das eigentlich? Sind die Menschen heute zufriedener als 1980? Nein, sind sie nicht. Da sind die Befragungen eindeutig. Hat die Beschleunigung denn wenigstens dazu geführt, dass wir mehr Freizeit haben und weniger Zeit im Auto, in Bahnen und Flugzeugen verbringen? Es wird manche überraschen: Nein!

Das liegt an einem eigenartigen kulturellen Phänomen. Die Menschen investieren etwa 80 Minuten täglich in Mobilität. Jede Zeitersparnis, etwa durch eine Umfahrungsstraße, führt dazu, dass die Menschen längere Strecken zurücklegen. So erweitern sich die Pendelentfernungen, die Pendelzeiten bleiben gleich. Zwischen 2000 und 2016 haben die Bundesbürger mit ihren protzigen Autos noch mal bald 80 Milliarden Kilometer zusätzlich abgerissen.[25]

Das war schon zur Zeit der Postkutsche so. Ebenso faszinierend: Ob Bewohner in afrikanischen Dörfern, chinesischen oder südamerikanischen Städten, egal, unter welchen politischen Verhältnissen oder räumlichen Bedingungen, überall investieren die Menschen rund 80 Minuten pro Tag in Mobilität.[26]

Wir sind rasend schnell, sparen aber keine Zeit.

Sind Abkürzungen gut für den Klimaschutz?

Viele Menschen werden hocherfreut sein, wenn die A33, die eine Lücke im deutschen Autobahnnetz schließen soll, endlich fertiggestellt ist. Man ist dann ja viel schneller! Die Fahrzeit von Osnabrück nach Bielefeld soll sich so spürbar verkürzen. Auch weniger Stau soll es durch den Bau der neuen vierspurigen Autobahn geben. Weil dann auch weniger Treibstoff sinnlos verbrannt werde, sei das auch gut für den Umwelt- und Klimaschutz, sagen Befürworter.

Kritische Stimmen sehen das anders. Sie behaupten, dass mehr Straßen auch mehr Verkehr mit sich bringen. Das Versprechen, die neuen Straßen würden der Entlastung dienen, werde nicht eingelöst. Tatsächlich steige im Ergebnis die Belastung. Ist das so? Wenn ja, warum?

Es gibt bereits seit vielen Jahren zahlreiche Untersuchungen, die den Zusammenhang eindeutig belegen.[27] Mehr Straßen bringen mehr Verkehr. Denn sie dienen immer der Beschleunigung. Sind weiter entfernte Orte beispielsweise durch eine Umfahrungsstraße schneller erreichbar, erhöht sich der Radius für Pendelstrecken. Man erreicht also weiter entlegene Ziele in derselben Zeit.

Parallel zur Strecke Osnabrück–Bielefeld fährt eine Bahn. Ziemlich langsam zwar, aber immerhin beträgt die Fahrzeit nur 60 Minuten, etwas länger als die 50 Minuten, die es mit dem Auto braucht. Mit der neuen Autobahn A33 wird sich die Fahrtzeit auf vielleicht 30 bis 40 Minuten verkürzen. Dann werden viel mehr Menschen mit dem

Auto fahren und die Bahn ignorieren. Das verstopft wiederum die Autobahn.

Mit anderen Worten: Der Staat ermuntert seine Bürger dazu, das Auto der Bahn vorzuziehen und so den Planeten weiter aufzuheizen.

Es hätte auch umgekehrt sein können, wenn man in die Bahnstrecken investiert und diese beschleunigt hätte. Dann würden mehr Leute mit der Bahn fahren und das Auto stehen lassen, vielleicht sogar abschaffen. So würde öko zur Routine.

Die Verkehrsministerien wecken hingegen den Eindruck, noch nie etwas von diesen Untersuchungen gehört zu haben. Allein zwischen 2000 und 2017 erweiterten sie das bundesdeutsche Autobahnnetz um sage und schreibe 1.481 Kilometer.[28] Geholfen hat es nichts, die Staulänge hat sich vervierfacht.

Der Autobahnausbau ist ein Wachstumstreiber nicht zuletzt für den Lkw-Verkehr. Die Prognosen verkünden dessen Zunahme um fast 40 Prozent bis zum Jahr 2030.[29] Und die Ministerien machen sich zum Wegbereiter dieser katastrophalen Entwicklung. Alles nur, damit noch mehr Waren kreuz und quer durch Europa gekarrt werden.

Umfahrungsstraße: Kein Mehrwert, nur mehr Verkehr

Sommer 2018. Es ist Stadtfest in Witzenhausen. Motto: »Treppen, Keller, Hinterhöfe.« Die Hauseigentümer haben ihre Türen geöffnet, und man kann die Fachwerkhäuser von innen besichtigen. Und davon gibt es reichlich in der nordhessischen Kleinstadt. Wir sind eher zufällig dort und entscheiden uns, für eine Nacht zu bleiben.

Im Herzen des Ortes gibt es eine kleine Fußgängerzone, durch Spielstraßen erweitert. Von dort gelangt man in eine Nebenstraße, die für dieses Wochenende gesperrt wurde. Überqueren muss man dabei eine Straße, die mitten durch Witzenhausen führt und den Ort zerteilt. Da war auch am Samstag viel Verkehr. Seltsam eigentlich, denn es gibt ja eine Umfahrungsstraße.

Anscheinend nehmen viele Menschen lieber den direkten Weg. Diese Erfahrung machen auch andere Dörfer und Kleinstädte. Die

Entlastungsstraße bietet kaum Entlastung. Das Problem wäre lösbar. Man müsste die viel befahrene Straße im Zentrum nur als Spielstraße deklarieren. Dann würde das Interesse an der Abkürzung schwinden, und die Entlastungsstraße könnte die Funktion erfüllen, für die sie gebaut wurde. Das traut man sich aber offenbar nicht. Das könnte ja den Einzelhandel gefährden.

Ich glaube, es ist eher umgekehrt. Der Verkehr schadet den Händlern. Die meisten Autofahrer halten ja nicht, sondern verpesten nur die Atmosphäre des schönen Ortskerns. Und wer tatsächlich etwas einkaufen möchte oder durch den Ort flaniert, den nervt der Durchgangsverkehr.

Mehr Gerechtigkeit statt Pendlerroutine

Die sogenannte Entfernungspauschale hat das Pendeln zur Routine gemacht.[30] Jetzt macht eine vom Umweltbundesamt in Auftrag gegebene Studie deutlich, dass dieser Steuernachlass nicht nur ökologisch schädlich ist, sondern auch die Ungleichheit im Land begünstigt: Hohe Einkommen profitieren am meisten. Außerdem werden Umlandbewohner gegenüber Städtern bevorzugt. Deren deutlich höhere Mieten werden schließlich nicht subventioniert.

Wenn unsere Mobilitätsroutinen zukunftsfähig werden sollen, ist es zweifellos dringend notwendig, die Entfernungspauschale abzuschaffen, gegebenenfalls mit einer Härtefallklausel.

Einmal angenommen, es können sich genügend mutige Politiker und Politikerinnen dazu durchringen, dieses ungerechte und umweltschädliche Pendelprivileg abzuschaffen. Dann stünden uns rund 6,5 Milliarden Euro steuerliche Mehreinnahmen zur Verfügung. Das ist ungefähr der Betrag, den die Menschen für Bus- und Bahntickets aufwenden. Man könnte also den gesamten öffentlichen Nahverkehr kostenfrei anbieten. So wird öko zur Routine.[31]

Potenzverstärker

Manche fühlen sich ertappt, wenn ich dieses Bild während eines Vortrags zeige. Auf einen SUV hat jemand einen Zettel geklebt. Darauf steht: »Eine Penisverlängerung wäre klimafreundlicher als dieses Angeberauto.«

In der Kaffeepause erzählen mir manche dann, warum sie einen SUV benötigen.

»Wir brauchen den Wagen für den Pferdeanhänger.«

»Der Weg zum Ferienhaus ist oft sehr matschig. Da würden wir uns sonst festfahren.«

»Wir haben einen Wohnwagen. Da braucht man schon ein kräftiges Zugfahrzeug.«

Ich treffe eigentlich nie jemanden, der sagt: »Eigentlich ist das Quatsch.« Oder: »Sie haben völlig recht, letztlich will ich nur zeigen, was für ein tolles Auto ich mir leisten kann.«

SUV-Fahrer denken, dass es schon irgendwie okay ist, mit einem zwei Tonnen schweren Geländefahrzeug über geteerte Straßen in über.

Auf einen SUV hat jemand einen Zettel geklebt. Darauf steht:
»Eine Penisverlängerung wäre klimafreundlicher als dieses Angeberauto«.

fllten Innenstädten zu fahren. Sie denken, sie haben das Recht dazu. Schließlich ist es nicht verboten.

Doch es ist nicht okay. Offenbar hat es die permanente mediale Diskussion über die Klimahitze nicht vermocht, zahlungskräftige Menschen nachdenklich zu machen. Sie ignorieren einfach, was berichtet wird. Sie werden ihren SUV nicht abschaffen für den Klimaschutz.

Was man aber tun kann, ist, die Fahrer solcher Wagen auf das Problem hinzuweisen, etwa über einen Aufkleber mit einem entsprechenden Spruch. Deftig? Ja, aber hier hat sich jemand getraut, einen Mitbürger auf sein Fehlverhalten hinzuweisen.

Wenn sich der beste Freund einen SUV kauft

Kürzlich erreichte mich folgende Nachricht:

»Guten Morgen, Michael!

Ich brauche einen Rat in Sachen Klimaschutz im Umgang mit fragwürdigen Entscheidungen ansonsten sympathischer Menschen.

Mein bester Freund hat sich gestern einen neuen SUV (VW T-Cross) gekauft. Natürlich ist er eigentlich nicht ›so einer‹ ...

Na ja – was soll man da machen. Ich frage mich wirklich, wie und ob ich das anspreche. (Das liegt natürlich auch daran, dass mein Freund, glaube ich, beim Thema Autokauf nicht kritikfähig ist ...)

Wie gehst du damit um? Für dich ist es ja wahrscheinlich genauso unbegreiflich, wie man überhaupt ein Auto haben kann. Bist du so locker und kannst (auch bei deinen besten Freunden) gut damit leben??

Liebe Grüße

Peter Paul«

Meine Antwort:

»Moin! Tja, also so ganz 100 %ig kann ich das natürlich nicht trennen. Aber insgesamt ist mein näheres Umfeld schon deutlich ambitionierter als der Durchschnitt. Gleichwohl fliegen die meisten regelmäßig, finden Biofleisch zu teuer usw. – und dafür gibt es dann die tollsten Begründungen, auch für den SUV. Darüber zu diskutieren ist schwierig, zarte Andeutungen sind jedoch durchaus möglich, aber am besten, indem man über das eigene Verhalten spricht. Das Verhalten anderer bzw. deren Kaufentscheidungen zu bewerten macht nur schlechte Stimmung.

Und bringt nichts!

Deswegen plädiere ich für das Konzept der Ökoroutine: Verhältnisse ändern statt Verhalten.

Für diesen Ansatz suche ich Zustimmung. Und erhalte sie auch von SUV-Fahrern. Das heißt etwa: Steigende Standards lassen das Fahrzeuggewicht schrittweise schrumpfen. Wenn nicht das persönliche Verhalten zur Disposition steht, sondern die Rahmenbedingungen insgesamt, sind die Menschen durchaus vernünftig. Selbst im Inland viel fliegende Geschäftsleute begrüßen meinen Vorschlag, die Starts und Landungen auf Flughäfen zu limitieren.

Mein Rat also: Sprich mit den Menschen darüber, wie wir die Verhältnisse ändern können. An solchen konkreten Beispielen lässt sich zeigen, warum Standards und Limits sinnvoll sind und keine Einschränkung der Freiheit. Wenn dann in der Politik darüber diskutiert wird, dann wäre es gut, wenn die Freunde die neuen Standards mittragen.

Und: Fordere deine Freunde auf, sich zu engagieren. Besetzt einen Parkplatz am Park(ing) Day, radelt mit der Critical Mass, oder unterstützt eine Bürgerinitiative gegen Fluglärm.

Aber das wäre wieder eine Verhaltensänderung …

Herzlichst

Michael«

Fake: Das Klimalabel für Pkw

Die Autobauer haben den Kunden mit Effizienzverheißungen eingelullt. Schwerstfahrzeuge werden als Segen für den Klimaschutz gepriesen, und Verschwendung wurde zur Routine.

Seitdem der Dieselskandal 2015 aufflog, kommen beständig neue Dreistigkeiten an den Tag. Nicht nur beim Schadstoffausstoß wurde

Zum Wohle der Autokonzerne und deren Aktionären bewertet
das Klimalabel für Pkw CO_2 relativ nach dem jeweiligen Gewicht.
Ein Leopard 2 wäre damit so sauber wie ein Golf.

getrickst und getäuscht. Auch die Kluft zwischen realem Kraftstoffbedarf und dem vom Hersteller angegebenen Testverbrauch ist in den
letzten 20 Jahren immer größer geworden. Inzwischen liegt der tatsächliche Verbrauch um rund 40 Prozent höher, wie die Prüfer des
International Council on Clean Transportation (ICCT) nachgewiesen haben. Bei Neuwagen, die 2018 zugelassen wurden, konnte die
gemeinnützige Forschungsorganisation immerhin keine weitere Steigerung der Differenz zwischen Versprechen und Realität feststellen.[32]

In den Landesgerichten türmen sich derweil die Klagen. Bei nicht
wenigen Richtern löst das Kopfschütteln aus: Ein bisschen Mehrverbrauch im Vergleich zu den Kaufangaben sei den Kunden doch eher
gleichgültig.

Ja, es mag wohl sein, dass die Betrogenen nicht wirklich effektiv
auf den Verbrauch geachtet haben. Anders lässt sich der stark angestiegene Absatz von SUVs nicht erklären. Gleichwohl transportieren
die Hersteller mit den scheinbar guten Werten und der daran gekoppelten Werbung ein Image, letztlich das Wohlgefühl: »Das ist doch

irgendwie ganz o. k. so.« Denn richtig ist auch: Über 90 Prozent der Bundesbürger sprechen sich für mehr Klimaschutz aus. Nur ein kleiner Teil kauft sich in bewusster Ignoranz einen PS-Protz.

Die geschönten Zahlen von VW und Konkurrenz geben den Leuten ein gutes – aber trügerisches – Gefühl, flankiert durch ein aberwitziges Label, das den CO_2-Ausstoß eines Pkw relativ nach seinem Gewicht bewertet, nicht aber die absoluten CO_2-Werte. So bekommt manch 2,5 Tonnen schweres Fahrzeug mit rund 230 Gramm CO_2-Ausstoß je Kilometer eine bessere Bewertung beim Klimalabel als ein leichter Wagen mit einem niedrigen Wert von 130 Gramm.

Zusammengenommen haben schönfärberische Label und hemmungslose Betrügerei nicht nur die Fahrzeuge manipuliert, sondern auch die Psyche der Käufer. Und wohl auch die der Entscheidungsträger. Jahre sind inzwischen vergangen, seitdem der Dieselskandal publik wurde, und noch immer agiert die Politik wie der Cheflobbyist der Automobilindustrie und setzt vor allem auf Blockade – zuletzt bei der Blauen Plakette.

Wie innovativ ist die Autoindustrie? *(vgl. G 89)*

Die Konzernchefs verkünden zwar permanent Innovationen, aber in der politischen Praxis blockieren sie jeden Veränderungsprozess. Wer nach Innovationen sucht, muss eher ins Ausland gucken: Die ersten Diesel mit besonders niedrigem Rußausstoß kamen aus Frankreich, der Hybrid-Prius aus Japan, der Tesla und das selbstfahrende Auto von Google aus den USA.

Feinstaub, Stickoxide, Lärm, Treibhausgasemissionen: Manager verdrängen und leugnen die Probleme. Statt die notwendige Transformation zu einer umwelt- und klimafreundlicheren Mobilität anzupacken, haben die deutschen Autobauer über Jahre hinweg immer nur mehr vom Gleichen geboten – optimierte Dieselmotoren, leistungsfähiger denn je für übergewichtige Karosserien. Mich erinnert das an Nokia: Statt rasch in die neue Smartphone-Technologie zu investieren, blieb man stur beim eigenen, vermeintlich besseren Betriebssystem und der Tastaturbedienung.

Die Fahrzeugbauer haben es geschafft, dass die Verschwendung im Straßenverkehr Alltagsroutine bleibt. Im Ergebnis ist es heute weit verbreitet, dass sich ein 80 Kilo schwerer Mensch mithilfe von weit mehr als zwei Tonnen Material fortbewegt, und das überwiegend auf Kurzstrecken in der Stadt. Der Treibstoffverbrauch steigt seit Jahren, ebenso wie die Zahl der zugelassenen Pkw. Zu den 41 Millionen Pkw im Jahr 2009 kamen bis heute noch sechs Millionen hinzu.[33]

Die Automobilindustrie betreibt Lobbyismus gegen den Wandel. Erst allmählich zeichnet sich ein Strategiewechsel ab – hoffentlich nicht zu spät.

Die Autoindustrie braucht die Hilfe der Politik

Gibt es Wege aus dem Dilemma? Ja, indem man beispielsweise die Zahl der Neuzulassungen oder den Bau von Straßen oder Parkplätzen begrenzt. Viele Städte in Europa und Asien machen das bereits. Doch hierzulande ist es noch immer kaum vorstellbar, dass solche Limits in nächster Zeit etabliert werden. Aussichtsreicher und zwingend notwendig ist es, zügig die Standards weiter anzuheben. Die Blaue Plakette zum Beispiel ist zugleich ein Innovationsmotor.

Wenn klar wäre, dass ab dem Jahr 2023 nur noch emissionsfreie Fahrzeuge in den Innenstädten akzeptiert würden, dann käme die Nachfrage von ganz allein in Fahrt. In Oslo dürfen bald nur noch Elektroautos in die Innenstadt fahren. Norwegen möchte ab 2025 nur noch emissionsfreie Fahrzeuge zulassen. China hat Vorgaben auf den Weg gebracht, um den Anteil der E-Autos drastisch zu erhöhen.

Solche strukturellen Vorgaben sind billig zu haben. Und sie sind wirkungsvoll, im Gegensatz zu den Milliardensubventionen für den Kauf von Elektroautos, die es trotzdem bislang nicht vermocht haben, das Entscheidungsverhalten beim Autohändler zu ändern. Wie lange wollen wir noch warten?

Den Branchenkennern ist völlig klar, das Reichweitenproblem des Elektroautos, das viele jetzt noch von einem Kauf abhält, wird man in den Griff bekommen. Die E-Mobilität wird sich schon bald durchsetzen. Der Motor- und Getriebebau hat keine Zukunft. Ein großer Teil der Jobs in diesem Bereich steht damit auf der Kippe.

Hinzu kommt: Elektromotoren sind unfassbar wartungsarm. Mithin würden voraussichtlich zwei Drittel der Werkstätten nicht mehr benötigt. Schon allein unmittelbar im Autobau fallen zukünftig also bis zu 250.000 Stellen weg. Wenn man bedenkt, wie zäh sich das Ende der Braunkohleverstromung gestaltet, eine Branche mit knapp 20.000 Jobs, ist kaum auszudenken, wie der bevorstehende Transformationsprozess in der Automobilindustrie zu bewältigen ist. Doch ihn zu verhindern ist aussichtslos.

Es wäre klug, durch strukturelle Veränderungen, etwa mithilfe von Standards und Limits, gleichermaßen Produzenten und Konsumenten zum Umdenken zu bewegen. So wird öko zur Routine, und die Branche kann sich im internationalen Wettbewerb behaupten.

Sanft wird sich der Anpassungsprozess wohl nicht mehr einleiten lassen. Dafür hätte man früher anfangen müssen. Es wird eine harte Landung. Statt auf angenehmere Aussichten zu warten, sollten wir uns besser darauf vorbereiten.

Flinkster

16. November 2018. Auf meinem Programm steht ein Vortrag in der Nähe von Solingen, mitten auf dem Land. Ich reise mit dem Zug an. Doch für den Rest der Strecke müsste ich den Bus nehmen, der viel zu selten fährt und ewig unterwegs ist. In solchen Fällen werde ich meist abgeholt oder nehme mir ein Taxi vom Bahnhof aus. Diesmal habe ich Flinkster ausprobiert, das Carsharing der Bahn.

Das war bisher nicht Teil meiner Routine, es ist für mich das erste Mal. Dementsprechend bin ich etwas nervös. Ich plane extra ein wenig mehr Zeit ein, denn irgendwas klappt ja gerade zu Beginn häufig nicht.

Und tatsächlich: Zunächst funktioniert die Karte nicht, dann weiß ich nicht, wo die Karte für das Parkhaus ist und so weiter. Ein spezieller PIN-Code fehlt.

Inzwischen habe ich das Angebot zum zweiten Mal genutzt und

kann sagen, ich habe so etwas wie Routine entwickelt. Beim zweiten Mal hat es schon richtig gut funktioniert.

Für dreieinhalb Stunden und schätzungsweise 30 Kilometer insgesamt habe ich gut 20 Euro bezahlt. Im Vergleich zum Taxi ist das ein Schnäppchenpreis. Und es ist auch ökologischer. Denn das Taxi, das mich vom Bahnhof zu meinem Vortragsort bringt, wäre danach ja zu seinem Ausgangsort zurückgekehrt – und zwar höchstwahrscheinlich ohne Fahrgast. Und bei der Rückfahrt verhielte es sich genauso. Es wäre die Strecke hin und zurück also zweimal gefahren. Mit dem Carsharing-Wagen bin ich aber nur einmal gefahren.

Das ist zwar nicht ganz so umweltfreundlich wie der Bus (der hier quasi nicht existent ist), aber es ist dennoch zehnmal besser, als gleich von zu Hause aus mit dem Auto zu fahren.

Wie kann man das systemisch fördern? Nun, indem man keine neuen Straßen baut und eine Pkw-Maut erhebt. Dann ist es für Referenten wie mich deutlich günstiger, mit Bahn und Carsharing anzureisen.

Clever: Bahn & Bus

Seit Jahrzehnten heißt es in der verkehrspolitischen Diskussion, der Güter- und Personenverkehr solle schrittweise auf die Bahn verlagert werden. Wie soll das funktionieren, wenn wir das Straßennetz beständig erweitern, während das Schienennetz stagniert und zu wenig in die Bahninfrastruktur investiert wird?

Der Straßenbaustopp ist das einfachste Förderkonzept für die Bahn. Mit anderen Worten: Etwas für den Schienenverkehr zu tun heißt zunächst einmal, etwas zu unterlassen. Das klingt naiv. Die Situation ist doch viel komplizierter, oder?

Doch gerade solche schlichten Forderungen kennzeichnen die Ökoroutine. Wenn wir tun wollen, was wir für richtig halten, bleibt uns gar keine andere Wahl. Ein weiterer Zuwachs des Straßengüterverkehrs ist eine ökologische Katastrophe. Sie lässt sich nicht durch noch mehr Straßen verhindern, im Gegenteil.

Gewiss, Personen- und Lastkraftwagen können effizienter werden.

Doch ist es eine unerschütterliche Tatsache, dass Räder auf Schienen wesentlich effizienter und effektiver sind als Gummiräder auf Teerstraßen.

Ökoroutine heißt, dass sich der Wechsel vom Auto zur Bahn verselbständigt. Nicht weil die Menschen das *Richtige* tun wollen, sondern weil es *besser* ist. Vorbild ist das Bahn- und Nahverkehrssystem der Schweiz. Dort sitzen nicht nur Klimaschützer und Bürger ohne Pkw-Fahrerlaubnis in den Zügen. Die Schweizer nutzen den Umweltverbund, weil es komfortabel, zügig und günstig ist.

Deutschland-Takt – so klappt der Umstieg

Ich bin sehr viel mit der Bahn unterwegs. Verspätungen und verpasste Anschlüsse, daran gewöhnt man sich. Insgesamt ist das eher die Ausnahme. Doch besonders freitags und sonntags geht es oft chaotisch zu. Das liegt vor allem daran, dass in den letzten Jahrzehnten zu wenig investiert wurde.

Leider erlebe ich bei Verspätungen immer wieder eine typische Geschichte: Leute fahren nur einmal im Jahr mit der Bahn, manche wollen es mal ausprobieren, meist natürlich zum Wochenende oder zum Ferienbeginn. Und dann haben sie zwei Stunden Verspätung. Katastrophe. Sie denken sich: »Nie wieder Bahn!« Und werden ihre Routine nicht ändern.

Jetzt wird wieder etwas mehr investiert. Es gibt viel nachzuholen. Das Problem mit dem Umsteigen will man nun anders angehen. Das Konzept dafür nennt sich »Deutschland-Takt«.

Das Prinzip: An wichtigen Umsteigestationen treffen Züge ungefähr gleichzeitig ein und fahren kurz darauf wieder ab. Lange Umsteigezeiten von einer halben Stunde und mehr soll es dann nicht mehr geben. Vorbild ist die Schweiz, wo seit Jahrzehnten ein Taktfahrplan gilt.

Doppelt so viele Fahrgäste in zehn Jahren durch ein bundesweit getaktetes und verknüpftes Angebot sowie gezielten Netzausbau: Mit dem Deutschland-Takt kann ein neues Kapitel in der Bahnpolitik aufgeschlagen werden, in dem die Bahn eine bedeutendere Rolle als attraktives und besonders energieeffizientes Verkehrsmittel der Zukunft spielt.[34]

Privatbahn

Es ist Mittwoch, der 28. November 2018. Ich sitze im Zug von München nach Kempten. Der Zug ist von einem Konkurrenten der Bahn.

Die Waggons sind mindestens 40 Jahre alt: kein Stromanschluss, durch die Toilette kann man auf die Schienen gucken, keine reservierbaren Plätze und auch keine Klimaanlage. Für Frischluft müssen die Fenster nach unten geschoben werden. Dann ist es höllisch laut im Wagen. Im Sommer sind solche Fahrten ziemlich anstrengend, eine Kindheitserinnerung. Es gibt einige Unternehmen, die ausgemusterte Züge der Deutschen Bahn weiternutzen.

Im Sechserabteil sitzt mit mir zusammen ein älteres Paar. Sie unterhalten sich gerade über den katastrophalen Zustand der DB. Fazit der Unterhaltung: »Die privaten Bahnen sind besser!«

Hmm, der Zug, in dem wir gerade sitzen, dokumentiert das Gegenteil. Offenbar werden hier andere Maßstäbe angelegt. Womöglich ist das Gemecker über die unfähige Bahn zur Routine geworden.

Die Kritik an der mangelnden Pünktlichkeit ist in meinen Augen berechtigt. Gleise, Stellwerke und Weichen sind heruntergekommen. Viele Strecken sind immer noch eingleisig und ohne Strom. Aber zugleich ist es nur fair, auch einmal die positiven Entwicklungen zu benennen.

Es fahren so viele Menschen mit der Bahn wie in den Hochzeiten vor 30 Jahren. Die Züge sind deutlich komfortabler. Regional- und Fernzüge sind auch im internationalen Vergleich vorzeigbar. Kinder dürfen bis zum Alter von 14 Jahren mit ihren Eltern oder Großeltern kostenlos reisen. Vorher lag die Grenze bei sechs Jahren.

Der City-Tarif ist eine enorme Bereicherung für Bahnkunden. Bei der Ankunft müssen sie sich nicht über Nahverkehrstarife den Kopf zerbrechen. Das Personal ist deutlich freundlicher geworden.

Die Bahn betreibt den Fahrradverleih »Call a Bike« – ein Zuschussgeschäft. »Flinkster« nennt sich das Carsharing-Angebot der Bahn. An allen großen Bahnhöfen stehen diese Wagen, auf die Kunden zum Einheitstarif zugreifen können. Sie lassen sich mit der Bahncard öffnen. In großen Bahnhöfen gibt es die beliebten DB-Lounges inklusive Freigetränke und Zeitschriften.

Es sind solche Strukturen, die zum Bahnfahren motivieren. Die Führung der Bahn hat also vieles richtig gemacht. Zugleich gibt es große Versäumnisse. Aber die Bahn wird erst dann viel besser werden, wenn die Bundesregierung sich klar gegen den Ausbau der Straße ausspricht und viele Milliarden zusätzlich in einen zukunftstauglichen Schienenverkehr investiert.

VW-Skandal, die Bahn und das Geld

Der Dieselskandal kommt nicht aus den Schlagzeilen. Neulich war in der Zeitung zu lesen, dass VW 23 Milliarden Euro Strafe an die USA zahlen wird. Das ist ungefähr dreimal so viel, wie das Bahnprojekt Stuttgart 21 nach derzeitiger Prognose kosten wird. Mit derselben Summe könnte man fast vier Jahre lang den gesamten Nahverkehr in Deutschland kostenlos anbieten.

Bei der Bahn fehlen die Investitionen. Mit relativ wenig Geld kann hier viel bewirkt werden: Zwei Millionen Euro kostet beispielsweise die Elektrifizierung einer Strecke je Kilometer inklusive Ausrüstung wie Unterwerke und Anpassung von Brücken und Tunneln.

Der Neubau einer Strecke kann deutlich teurer sein, etwa für Hochgeschwindigkeitsstrecken mit vielen Brücken und Tunneln wie Ebensfeld–Erfurt oder Köln–Rhein/Main. Hier liegen die Kosten zwischen 28 und 33 Millionen Euro pro Kilometer. Doch weitere Schnellstrecken sind gar nicht erforderlich. Viel leichter und effektiver ist es, all die Nebenstrecken zu beschleunigen oder zu reaktivieren.

Für die Verlängerung der RegioBahn nach Wuppertal wird jetzt auch ein zwei Kilometer langer Abschnitt komplett neu gebaut. Das soll 17 Millionen Euro inklusive Elektrifizierung kosten, also 8,5 Millionen Euro pro Kilometer. Mit diesem Wert bekäme man für die 23 Milliarden Euro, die VW zahlen muss, etwa 2.700 Kilometer Neubaustrecke. Schon mit 12 Milliarden Euro könnten leicht alle ehemals stillgelegten Strecken wieder genutzt werden. So könnten sich endlich die Kohlendioxidemissionen im Verkehr verringern.

Das Zahlenspiel macht deutlich: Es ist Geld genug vorhanden, entscheidend ist, was damit gemacht wird. Zig Milliarden Euro werden jetzt in die USA transferiert, weil man hierzulande hartleibig an einer nicht zukunftsfähigen Technologie festhielt und den Klimaschutz nicht ernst nahm.

Auf dem Holzweg ist auch der Bundesverkehrswegeplan, der weiterhin ungeheure Summen in den Straßenausbau steckt. Dieses Geld fehlt für das zukunftsfähige Verkehrsmittel Bahn.

Heute noch aktuell: Die Reichsgaragenordnung

Es ist kurios: Wie wir heute den Parkraum organisieren, ist auf die Reichsgaragenordnung aus dem Jahr 1939 zurückzuführen. An jedem Ort unserer Aktivitäten ordnen wir seither in unmittelbarer Nähe Parkplätze an. Diese Parkplätze benötigen Straßen. Der Staat betreibt seit damals die systematische Zerschneidung der Landschaft und hat per Dekret dafür gesorgt, dass jede neue Wohnsiedlung mit breiten Straßen versehen wird und sich vor jedem Haus ein Stellplatz findet.

Das hat die Wohnqualität erheblich beeinträchtigt. Erst seit jüngerer Zeit haben es einige wenige Kommunen gewagt, die Stellplätze zumindest gebündelt am Randbereich einer Siedlung einzurichten. In der Freiburger Vauban-Siedlung ist zu beobachten, dass schon allein diese Maßnahme die Attraktivität deutlich anhebt.

Einmal mehr zeigt sich an diesem Beispiel, dass die Verkehrswelt, wie wir sie kennen, das Ergebnis politischer Steuerung ist. Wenn der Weg zum Auto nur eine Minute dauert, der Weg zur nächsten Bushaltestelle hingegen fünf, dann werden die Menschen von achtsamen Verhaltensweisen systematisch abgehalten.

Ob Einkauf, Kinobesuch oder der Ausflug ins Grüne: Wir nutzen in der Regel das bequemste, billigste und einfachste Verkehrsmittel. Das Auto wurde durch politische Steuerung zur Routine und hat sich in unsere Seelen eingenistet.

Das ist weder zeitgemäß noch zukunftsfähig. Der Hamburger Senat hat das verstanden und die unsägliche Satzung 2013 abgeschafft.[35] Nicht nur um Gestank und Lärm zu vertreiben, sondern auch um die Kosten für den Wohnungsbau durch den Zwangsbau von Stellplätzen und Tiefgaragen nicht unnötig in die Höhe zu treiben.

Ziel einer menschenfreundlichen und Ressourcen schonenden Verkehrspolitik sollte es sein, dass der Weg vom und zum geparkten Auto mindestens genauso lang ist wie der Weg von der und zur Haltestelle des öffentlichen Verkehrs.[36]

Platz da!

20. August 2018. In der Zeitung gibt es wieder einen Aufreger: Fünf Parkplätze sollen verschwinden, um Platz für einen sicheren und breiten Radweg zu schaffen. Die Anwohner sind stinksauer. Autofahrer würden benachteiligt, heißt der Vorwurf.

Doch in der Realität ist es umgekehrt. Der Flächenverbrauch durch Autos ist extrem. Auf jedem fahrenden Rad sitzt ein Radfahrer, in fast jedem fahrenden Auto nur ein Autofahrer. Mindestens

Hier war vorher ein Parkplatz. 20 Räder lassen sich hier locker unterbringen.

160 Millionen leere Autositze fahren durch die Republik. Und viele Millionen Kfz-Stellplätze werden vorgehalten, weil das Fahrzeug immer irgendwo parken muss.[37]

In Karlsruhe hat man 40 Parkplätze zu einem Stellplatz für 680 Fahrräder umgebaut, geschützt vor Diebstahl und Wetter.

Mehr Platz für Radler heißt auch, so paradox es zunächst klingen mag, mehr Platz für Autofahrer. »Gerade weil bei uns so viele mit dem Rad fahren«, heißt es im Radfahrerland Niederlande, »kann man so gut mit dem Auto fahren!«

Mit dem Flieger nach München *(vgl. G 89)*

»Ach, das darf ich dir eigentlich gar nicht erzählen«, sagt Valentin, »wir machen für drei Tage eine Bergtour in die Alpen. Mit dem Flieger von Münster nach München und dann noch einige Stunden mit einem Leihwagen.«

»Aha«, sage ich, »aber so viel schneller ist das doch gar nicht, ihr müsst doch erst mal nach München und von dort aus …«

Valentin: »Doch, doch, wir sind so mindestens zwei Stunden schneller. Und die Bahn war einfach zu teuer.«

Valentin hat ein schlechtes Gewissen. Als auf einer Party einige Wochen später noch mal die Rede darauf kam, schien es ihm regelrecht peinlich. Mir gegenüber war er richtig reserviert. Als ich ihn darauf ansprach, meinte er: »Ich finde das ja auch nicht gut, aber das war mir einfach zu blöd, mit der Bahn zu fahren, extrateuer und langsamer.«

Wer mit dem Zug von München nach Paris fährt, setzt 3,3 Kilogramm Kohlendioxid frei; wer fliegt, kommt auf 125,9 Kilogramm.[38] Das ist echt krass, und doch möchten nur wenige verzichten. Das müssen sie auch nicht. Das Limit für die Luftfahrt begrenzt den gesellschaftlichen Exzess und individuellen Verzicht.

Stimmt, Fliegen ist einfach zu billig geworden. Luftfahrtkonzerne zahlen keine Kerosinsteuer, und die Flugtickets gibt es ohne Mehrwertsteuer. Es fehlen eben die politischen Gebote und Preissignale, und so setzt man auf ein Verkehrsmittel, das ein Vielfaches an CO_2

freisetzt. Die Bahn muss immer günstiger sein als ein Flieger, sonst steigen die Leute nicht um – obwohl längere Bahnreisen, etwa von Berlin nach München, inzwischen sehr attraktiv sind. Valentin ist ein eindeutiges Beispiel dafür. Er ist dagegen, dass weitere Start- und Landebahnen gebaut werden. Nur fällt es ihm allein unheimlich schwer, das zu tun, was er für richtig hält.

Mein Freund fährt gerne schnell

Mein Freund ist bei den Grünen und fährt gerne Auto. Er fährt auch gerne schnell, besonders auf der Autobahn. Das macht ihm Spaß. Als wir über Ökoroutine und Tempolimit sprechen, sagt er: »Ich bin für das Tempolimit auf Autobahnen. Maximal 120 Stundenkilometer, mehr darf es nicht sein«.

Ich: »Ist ja interessant, findest du das nicht widersprüchlich?«

»Doch klar«, meint er, »aber wenn die anderen an mir vorbeisausen, während ich 120 fahre, das halte ich einfach nicht aus.«

Ich finde, dieser Dialog bringt ganz wunderbar auf den Punkt, warum Standards und Limits so wichtig sind. Ökoroutine hilft uns dabei, das zu tun, was wir für richtig halten. Wenn sich die Verhältnisse ändern, ändert sich auch das Verhalten.

Den Verkehrsraum neu aufteilen

In der politischen Diskussion verwenden Autofreunde gerne den Begriff »gleichberechtigt«. So solle man die verschiedenen Verkehrsträger behandeln, die Autofahrer also nicht benachteiligen. Das klingt fair, doch das ist es nicht.

Maßnahmen zur Förderung von Rad und Bus gelten nur dann als gut, solange sie die Blechlawine nicht einschränken. Mehr Platz für Radler und Fußgänger ist in dieser Logik eine Benachteiligung und damit nicht gerecht.

Da drängt sich die Gegenfrage auf: Ist es gerecht, dass rund 80 Prozent der Verkehrsfläche ausschließlich von Autos genutzt werden?

Kein Witz, sondern Vorrang und Wertschätzung für Radfahrer.
Im niederländischen Meerssen müssen die Autos Rücksicht nehmen.

Ist es fair, dass ein Wagen so viel Platz verbraucht wie sechs Fahrräder und acht Fußgänger?

Und wie gerecht sind die Lärm- und Schadstoffbelastungen (die von Kraftfahrzeugen verursacht werden) in unseren Städten zwischen armen und reichen Menschen verteilt?

Diese Fotos hat Daniel Doerk zusammengestellt. Radler werden so eng überholt, dass sie mit ausgestrecktem Arm den Bus berühren könnten. Rechts kann sich jederzeit eine Tür öffnen. Solche Verhältnisse haben eine abschreckende Wirkung. Daniel kämpft mit seinem Blog itstartedwithafight.de für sichere Radwege.

Ist es wirklich hinnehmbar, dass täglich mindestens ein Radfahrer im Straßenverkehr getötet wird?

Es ist in einer Demokratie legitim, Verkehrspolitik durch die Windschutzscheibe zu betrachten. Es ist jedoch ziemlich unverfroren, das als »gerecht« und »ideologiefrei« zu bezeichnen.

Gleichberechtigt wäre es, wenn die Straßen zu einem Drittel für Busse und Bahnen und zu einem Drittel für Radfahrer und Fußgängerinnen verwendet würden. Der verbleibende Anteil, der steht für Pkw und Lkw zur Verfügung.

Der Platz wird benötigt für Busspuren, Radschnellwege, Grünstreifen und Aufenthaltsflächen. Es gibt also mehr Grün, weniger Lärm, Schadstoffe und Unfälle. Kurz: Die Städte werden menschenfreundlich.

Die niederländische Kleinstadt Meerssen hat nun ein ungewöhnliches Beispiel für die Neuaufteilung von Straßen geliefert. Zunächst denkt man, die Straßenbauer hätten sich einen Scherz erlaubt. Um mehr Platz für Radfahrer zu schaffen, schrumpfte die Fahrspur für Autos stellenweise auf einen halben Meter.

Doch dahinter steckt Methode: Die zuständige Gemeinde hat Gehwege und Fahrradspuren verbreitert, auf Kosten der normalen Fahrspur für Autos. Kein Auto wäre schmal genug für die schmale Gasse. Das ist aber kein Problem. Die roten Radwege sind ja mit einer gestrichelten Linie abgegrenzt und dürfen von Pkw befahren werden – solange dort niemand radelt. Kraftfahrer im roten Bereich wird es sicher häufiger geben, denn die Straße darf in beide Richtungen befahren werden.[39]

PayBack: Parkgebühren für den Nahverkehr

Kann man das Konzept der Ökoroutine »Verhältnisse ändern Verhalten« in der Kommunalpolitik umsetzen? Ich habe es versucht. Unter anderem mit einem Vorschlag, den ich »PayBack« genannt habe. Hier die Vorlage für den Stadtrat:

Die Verwaltung wird beauftragt, die Parkplatzgebühren um jeweils

50 Cent für die ersten zwei Stunden anzuheben (also maximal ein Euro je Ticket/Buchungsvorgang). Die so erzielten Zusatzeinnahmen fließen in einen Fonds zur Förderung des Nahverkehrs. An den Parkautomaten bzw. den jeweiligen Verkaufsstellen wird deutlich sichtbar auf die Verwendung der Zusatzeinnahme hingewiesen. Besonders deutlich soll durch eine entsprechende Öffentlichkeitsarbeit werden, dass die Einnahmen gezielt zur zusätzlichen Förderung von Park & Ride und zum Ausbau von Mobilpunkten verwendet werden.

Die Verwaltung möge in Kooperation mit den Stadtwerken und der Osnabrück Parkhausgesellschaft ein Konzept für den Fonds und dessen transparente Verwaltung entwickeln.

Begründung:

Die aktuelle Bundesstudie zum Umweltbewusstsein in Deutschland kommt zu dem Ergebnis, dass es in Zukunft darum geht, Städte so zu entwickeln, dass Menschen nicht mehr mit dem Auto fahren müssen. 91 Prozent hatten angegeben, das Leben wäre besser, wenn sie nicht aufs Auto angewiesen wären. Und 61 Prozent der Autofahrer in Großstädten gaben an, zu einem Umstieg auf andere Verkehrsmittel bereit zu sein.

Dem Einzelnen fällt es enorm schwer, seine Gewohnheiten zu ändern und beispielsweise mit dem Rad, dem Bus oder der Bahn in die Stadt zu fahren. Der Antrag nimmt den grundsätzlichen Wunsch ernst, dass man nicht immer auf das Auto angewiesen sein möchte. Die Bürgerinnen und Bürger werden bei jedem Bezahlvorgang auf die mögliche Alternative hingewiesen. Jedoch hat dieser Hinweis keine moralische Verhaftung. Vielmehr wird erkennbar, dass mit den Parkplatzgebühren strukturelle Veränderungen herbeigeführt werden, um die Innenstadt besser mit dem Bus zu erreichen. Die Nutzer erhalten den Eindruck, mit ihrem Handeln einen Beitrag für einen Wandel zu leisten.

Die Gebührenanhebung schafft in Verbindung mit dem Hinweis zur Mittelverwendung für den Nahverkehr einen mentalen Bedeutungszusammenhang (in der Psychologie spricht man von einer »kognitiven Verankerung«). Autofahrer können den Sinn der Gebührenanhebung klar nachvollziehen und fühlen sich nicht schlichtweg »genötigt«, einen Beitrag zum Finanzhaushalt zu leisten. Ihnen wird vielmehr signalisiert, dass sie an anderer Stelle etwas dafür zurückbekommen, nämlich in Form von verbesserten Nahverkehrsangeboten, etwa Park & Ride. In diesem Sinne trägt der Antrag den Titel »Pay-Back: Parkgebühren für den Nahverkehr«.

Die Anhebung soll nur für die ersten beiden Stunden erfolgen. So werden Kunden bessergestellt, die länger in der Stadt Osnabrück verweilen. Dies dient der Förderung des innerstädtischen Einzelhandels und der Gastronomie in Osnabrück.

Ich habe rund ein Jahr lang für den Ansatz geworben. Bei allen Parteien gab es grundsätzliches Interesse. Geholfen hat es letztlich nicht. Die einen wollten es sich nicht mit den Einzelhändlern verscherzen. Die anderen fanden die Preiserhöhung eine Zumutung für Einkommensarme.

Das ist doch verrückt. Die Leute kaufen für 15.000 Euro ein Auto und haben dann nicht das Geld, um für einmal Parken 50 Cent mehr zu bezahlen? So ein Käse.

Parklet: Grün statt Asphalt

Parkplätze, Straßenabschnitte und auch Teile des Gehwegs können in Grünflächen, Spielstraßen und menschenfreundliche Begegnungsorte umgewandelt werden. Dafür wirbt die Stadt San Francisco nun sogar mit einer Website und hat dazu ein Manual zusammengestellt, wie sich solche »Parklets« am besten realisieren lassen.

Ich selbst habe in den Stadtrat von Osnabrück einen ähnlichen Vorschlag eingebracht, denn die Zeit autogerechter Städte ist meines Erachtens vorbei. In einem späteren Ratsbeschluss heißt es:

»In einem Pilotprojekt sollen die beiden Stellplätze vor dem Gebäude Dielinger Straße 9 umgenutzt werden … sodass der Mehrwert eines neu gewonnenen, wenn auch kleinen Freiraums in der Stadt deutlich wird. Es können zum Beispiel Sitzplätze geschaffen und dem Ort so eine neue Funktion hinzugefügt werden.«

Es ging nur um zwei Parkplätze – dennoch gab es Proteste. Das zuständige Amt für Bürger und Ordnung weigerte sich zunächst. Es dauerte ein Dreivierteljahr, die Zustimmung für das Projekt zu be-

Menschengerecht statt autogerecht. Zwei Parkplätze und damit zwei abgestellte Autos (Bild unten) mussten der attraktiv gestalteten Sitzgelegenheit (oben) weichen.

kommen. Das sei rechtlich gar nicht möglich, hieß es. Was der Stadtrat beschlossen hatte, war dem Amt egal.

Der Wandel von der autogerechten Stadt zur menschengerechten Stadt ist mühsam. Die anstehende Umbaumaßnahme ist ein kleiner Beitrag dazu.

Durch den schrittweisen Rückbau von Parkplätzen gewinnen Stadtmenschen Lebensqualität zurück und die Menschen fahren eher mit Bus und Bahn in die Stadt. Die Strukturen ändern die Routinen. In vielen Städten wird das bereits erfolgreich vorgeführt.

Warum ist Grün so wichtig?

September 2016. Kommunalwahl in Osnabrück. Die Grünen werben mit dem Wahlkampfslogan: »Grün ist Osnabrück am schönsten.«

Völlig unabhängig davon, ob man die Grünen wählt oder nicht, wirkt sich schon etwas mehr Grün bei allen Menschen wohltuend auf Körper und Geist aus. Viele Studien aus den letzten Jahren zeigen: Pulsschlag und Blutdruck sinken, Herz-Kreislauf-Leiden treten seltener auf, Entzündungswerte gehen zurück, und Schmerz wird nicht mehr so intensiv empfunden, wenn der Blick im Beruf oder Alltag auf Bäume und Wiesen trifft.

Patienten erholen sich schneller, wenn sie vom Krankenzimmer aus einen Park sehen und keinen Parkplatz. Schüler können besser lernen, wenn sie auf Grünflächen statt auf Betonwüsten schauen. Und sogar die Kriminalität kann zurückgehen, wenn zusätzliche Grünflächen entstehen.[40]

Groningen: Radfahrer sind auch Kunden

In den meisten Städten Deutschlands kämpfen die Einzelhändler für die autogerechte Stadt. Sie fürchten um ihre Kunden. Das war schon bei Einführung der ersten Fußgängerzonen so. Die Händler waren eigentlich immer und überall dagegen. Und leider ist es noch heute vielerorts ganz genauso. Eine Busspur? Nein, das benachteiligt die

Autofahrer, lautet die Befürchtung. Höhere Parkgebühren? Geht auch nicht, dann kaufen die Leute womöglich in einer anderen Stadt ein. Ausweitung der Fußgängerzone? Nein!

Neulich war ich in Groningen. In die City der holländischen Stadt mit rund 250.000 Einwohnern kommt man nur sehr schlecht mit dem Auto, aber sehr gut mit Rad und Bus. Und so machen das die Leute dann auch. Es war überwältigend anzusehen, welche Massen in der Stadt auf dem Rad unterwegs sind. Die Vitalität der Innenstadt war regelrecht greifbar. Die Geschäfte boomen.

Ich habe mir gedacht, die Einzelhändler aus Osnabrück sollten mal nach Groningen fahren und sich mit den dortigen Händlern zusammensetzen. Hat die klare Bevorzugung des Radverkehrs den Händlern geschadet? Ging die Nachfrage zurück? Sie können es vor Ort selbst erkennen. Das Gegenteil ist passiert.

Die Wahrheit ist: Radfahrer und Radfahrerinnen sind auch Kunden. In den Geschäften der Innenstadt gibt es gar nicht so viel, was man nicht mit dem Rad transportieren könnte. Zudem gibt es inzwischen viele Lieferangebote, auch für Autofahrer.

Städte mit wenig Autos, viel Grün, wenig Lärm und hoher Verkehrssicherheit – da kommen die Menschen gern in die City. Da fühlen sie sich wohl, da kaufen sie gern. Das ist doch eigentlich sehr gut nachvollziehbar. Oder?

Stadt für Menschen

Bamberg. Das Wetter ist herrlich, der Abend lauwarm. Wir finden einen schönen Sitzplatz vor einem Lokal. Beim Warten, Trinken und Speisen werden wir Zeugen eines eindrucksvollen Schauspiels in mehreren Akten. Titel: »Stadt für Menschen«.

Schon vorher bin ich verwundert, warum im Herzen der Altstadt Autos fahren dürfen. Und warum gibt es so viele Parkplätze, wo doch sicher die Gastronomen gerne diese Flächen nutzen würden? Insgesamt stehen in der Straße bestimmt hundert Menschen und trinken vor einer urigen Traditionsbrauerei ihr Bier. Statt Sitzmöglichkeiten gibt es viel Blech.

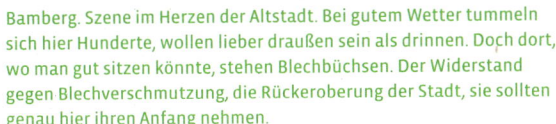

Bamberg. Szene im Herzen der Altstadt. Bei gutem Wetter tummeln sich hier Hunderte, wollen lieber draußen sein als drinnen. Doch dort, wo man gut sitzen könnte, stehen Blechbüchsen. Der Widerstand gegen Blechverschmutzung, die Rückeroberung der Stadt, sie sollten genau hier ihren Anfang nehmen.

Doch ein Stellplatz ist gerade frei. Junge Leute machen es sich an diesem mediterranen Abend dort gemütlich und relaxen auf dem Asphalt. Die Gruppe geht, und bald kommt schon eine andere. Ein Papa spielt mit seinem Sohn Ballfangen. Die Menschen haben, ohne es zu wissen, einen kleinen »ParkingDay« veranstaltet. Urbanes Leben, menschliche Begegnung.

Dann nähert sich ein Personenwagen. Fährt direkt an unserem Tisch vorbei und verlangt nach dem »freien« Parkplatz. Die Gruppe räumt die Fläche. Der Freiraum für gutes soziales Miteinander wird von dem Auto okkupiert. Die Fahrerin schließt ab und geht.

Der Widerstand gegen Blechverschmutzung, die Rückeroberung der Stadt, sie sollten genau hier ihren Anfang nehmen.

UNTERWEGS in Deutschland

Ausgaben für die Fahrradinfrastruktur
(in Euro pro Einwohner und Jahr)

Kopenhagen   35,60 €

Amsterdam   11,00 €

Berlin   4,70 €

Hamburg   2,90 €

München   2,30 €

Beachtliche 30 %
des gesamten Verkehrsaufkommens entfallen in Kopenhagen und Amsterdam auf Fahrradfahrten, das Unfallrisiko ist minimal. Bei uns ist das Risiko zehnmal so hoch, und das bei einer Radlerquote von 5 (Stuttgart) bis 17 % (München).

Mit dem Fahrrad zur Arbeit
Befragte würden unter folgenden Voraussetzungen mit dem Rad zur Arbeit fahren:

Besser ausgebaute Radwege   40 %

Mehr Radwege   37 %

Sichere Abstellplätze   36 %

Umkleidemöglichkeit   24 %

Bonus für Radfahrende   21 %

Möglichkeit, nasse Wäsche zu trocknen   14 %

Keine Besserung in Sicht

Emissionsentwicklung Verkehr

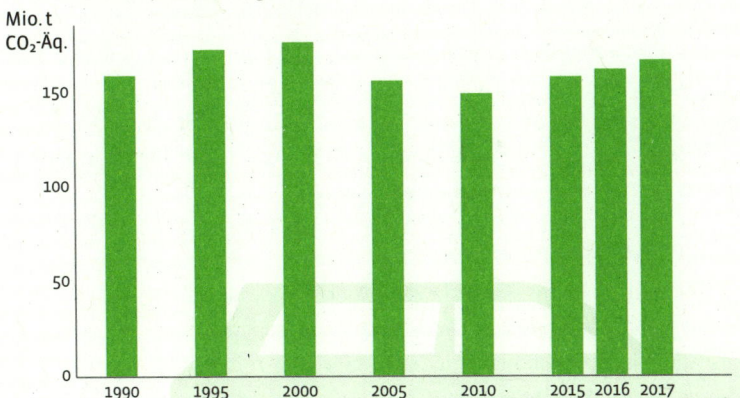

Mio. t CO₂-Äq.

Immer mehr PS

Hatten die Neuwagen 1995
im Schnitt noch 95 PS unter der Haube,
waren es 2014 schon 140 PS.

Immer mehr Stau

Knapp 600.000 km betrug die Staulänge
auf Autobahnen 2012; 2018 waren
es bereits 1,5 Millionen km.

Und ewig boomt der Luftverkehr

Beförderte Passagiere in Deutschland

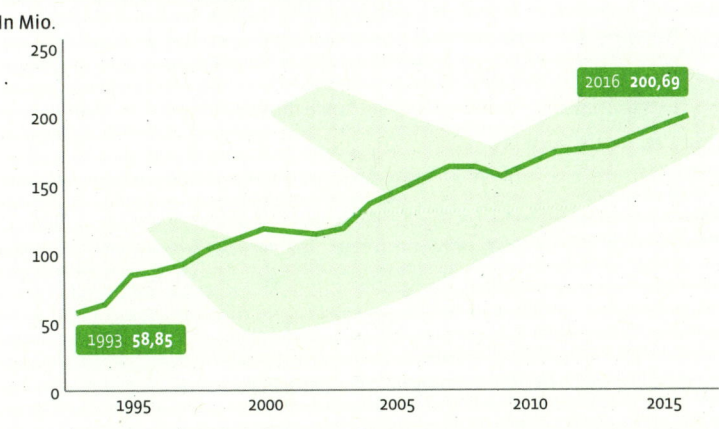

In Mio.

2016 **200,69**

1993 **58,85**

Geführte Radtour

Letztes Wochenende war ich in Leipzig. Eine tolle Stadt, hat mir sehr gut gefallen! Erstmals habe ich an einer geführten Radtour teilgenommen. Noch nie habe ich die markanten Punkte einer Stadt so gut kennengelernt. Zu Fuß kommt man über die Innenstadt kaum hinaus, und aus einem Bus heraus ist eher wenig zu sehen. Bevor Touristen richtig realisiert haben, was der Reiseführer gemeint hat, ist der Bus schon weitergefahren.

Auf dem Rad hingegen begegne ich den Menschen, die in der Stadt leben, verschaffe mir ein Bild von dem Leben in der Stadt. Rasch führt die Fahrt durch verschiedene Quartiere, mit wechselnden Stimmungen. Atmosphäre wird spürbar. »Nosing around«, nannte das der Stadtsoziologe Robert Park. Stadtplaner sollten nicht vom Schreibtisch aus planen, sondern in ihrer Stadt »herumschnüffeln« und ihre Planung nach den jeweils ortsspezifischen Bedürfnissen ausrichten.

Es ist den Städten anzuraten, geführte Radtouren systematisch anzubieten, am besten zu moderaten Preisen und inklusive Fahrrad. Denn selbst hartnäckige Automobilisten werden in einer fremden Stadt ihre Seele für das Leitbild einer menschengerechten Verkehrsentwicklung öffnen, wenn sie auf dem Fahrrad sitzen.

In der neuen Umgebung sind sie auch eher bereit, ihre Routine zu ändern. Die Lebensqualität einer Stadt wächst mit der Bedeutung des Radverkehrs. International ist zu beobachten, dass die Beliebtheit einer Kommune zunimmt, wenn Fußgänger und Radler nach und nach besser behandelt werden.

Oft habe ich bei meinen Reisen ein Klapprad dabei. Es lässt sich ohne Probleme auch im ICE mitnehmen, und vor Ort bin ich extrem flexibel. Immer kommt mir dann der Gedanke an mein anfängliches Gefühl der Freiheit. Mit einem Leihrad fuhr ich seinerzeit wie beflügelt durch Berlin. Ein ganz anderes Stadtgefühl. Man gehört dazu, zum Strom der Betriebsamkeit. Und alles war plötzlich so nah und schnell erreichbar. Bis dahin fiel mir gar nicht auf, wie viel Zeit selbst kurze Wege beansprucht hatten. Die Kombination von S-Bahn und Klapprad verschaffte mir einen echten Zeitgewinn.

Ein vorbildlich »geschützter Radweg«. Er ist ein Zeichen der Wertschätzung. Die Zahl der Radler nimmt zu. Hier würden Eltern auch ihre Kinder fahren lassen.

Das gelingt natürlich auch ohne Klapprad. In Leipzig habe ich mir ein Rad von »Nextbike« geliehen. Vom Hotel aus habe ich dann eine kleine Radtour zur neuen Seenlandschaft im Umland der Stadt gemacht. Eine Viertelstunde Fahrt durch viel Grün, direkt bis an den Strand. Keinesfalls wäre das mit Bus und Bahn oder mit dem Kraftwagen zu schaffen, noch dazu mit dieser Kombination aus Naturerlebnis und Sport.

Gewiss, all das ist eine Frage der Haltung. Doch die kann sich ändern, wenn es die Strukturen tun – in diesem Fall einladende Radwege und Leihräder.

Kaum fähig zum Wandel: Die deutschen Autobauer

Jahrelang hat die Deutsche Post versucht, die Autohersteller zur Produktion eines Elektro-Vans zu bewegen, um Päckchen und Pakete umwelt- und klimafreundlich ausliefern zu können. Vergeblich. Keiner der Autobauer hatte Interesse. 2014 kaufte die Post das Aachener Start-up-Unternehmen Streetscooter, das genau solche Fahrzeuge entwickelt hatte. Seitdem stellt die Deutsche Post dort E-Lieferwagen für den Eigenbedarf her und inzwischen auch für andere Firmen. 2017 bestellte die Fischmanufaktur Deutsche See als erster Großkunde 80 Streetscooter. Anfang 2019 sind nach Angaben der Post bereits rund 10.000 Scooter im Einsatz, davon 8.000 für die Post selbst.

Mit der Erfolgsgeschichte des Scooters vor Augen hat bei den Autoherstellern nun langsam ein Umdenken eingesetzt. Bis 2020 hatte auch Mercedes angekündigt 1.500 Elektro-Vans für die Logistikfirma Hermes zu produzieren. VW will sogar komplett auf Elektromobilität setzen.

Doch viel Zeit wurde vertan. Schon vor mehr als fünf Jahren hätten die Autobauer die Einladung der Post annehmen können, einen Schritt in Richtung zukunftsfähige Mobilität zu gehen. Es ist immer die gleiche Logik: Besonders Aktienunternehmen interessieren sich zuallererst für ihre Quartalsberichte und maximale Rendite, anstatt langfristig und vorausschauend zu planen. Standards und Limits können Unternehmen dazu motivieren, dieses Dilemma zu überwinden.

Aus Sicht der Autobauer zunächst irrelevant: der Streetscooter.
Wenn sich die Automobilindustrie in Zukunft ändert, dann haben wir das solchen Pionieren zu verdanken. Auf der einen Seite zeigen Ingenieure, wie die Zukunft aussehen kann. Auf der anderen Seite kämpfen Vereine wie die Deutsche Umwelthilfe für den Wandel und verhelfen neuen Konzepten und Techniken zum Durchbruch. [41]

Mein neuer Anhänger

Früher hatten wir einen Kinderanhänger für das Fahrrad. Das war immer super praktisch. Jedenfalls viel leichter, als zwei Kinder auf dem Rad zu transportieren. Einkäufe passten auch noch in den Hänger und natürlich in die Satteltaschen. Ich habe das immer sportlich betrachtet.

Zugleich haben wir den Hänger auch für Transporte genutzt. Es war beeindruckend, was man damit alles wegschaffen kann. Der berühmte Wocheneinkauf ist damit null Problem. Dafür benötigt niemand ein Auto.

Was könnte man politisch dafür tun, dass Fahrräder als Transportmittel populärer werden? Nun, man könnte die Radwege breiter machen. Bei Radschnellwegen oder »Protected Bike Lanes« ist das der Fall. Einige Städte haben damit begonnen. Doch so etwas kostet Geld. Da könnte der Bundesverkehrsminister helfen, wenn er denn will.

Manche Städte oder Stadtwerke bezuschussen die Anschaffung von sogenannten Cargobikes, also Lastenrädern. Immer häufiger gibt es zudem Verleihsysteme. Und wenn es das in Ihrer Stadt nicht gibt, können Sie das einfordern. Schreiben Sie jeder Fraktion im Stadtrat einen Brief mit einer knackig formulierten Forderung.

Klimaschutz in den Tagesthemen: Jeder für sich …

»Tagesthemen« am Mittwoch, 10. Oktober 2018. Zwei Tage zuvor hat der Weltklimarat seinen jüngsten Sonderbericht veröffentlicht. Die Warnungen der Experten werden von Mal zu Mal eindringlicher. Heute berichten die »Tagesthemen« über eine Starkregenkatastrophe in Mallorca, anschließend über neue, abgeschwächte CO_2-Standards für Autos.

Doch wenn sich die Politik so schwertut: Was kann jeder Einzelne für den Klimaschutz tun? Dazu gab es einen dreiminütigen Bericht, den ich als Experte kommentieren durfte. Zunächst habe ich mich natürlich sehr über die Anfrage gefreut. Besonders auch darüber, dass die Kollegen im Wuppertal Institut mir das Vertrauen dafür entgegengebracht haben.

Doch meine Hoffnung, das Konzept der Ökoroutine zumindest erwähnen zu können, hat sich nicht erfüllt. Zu gerne hätte ich dafür geworben, mit »Verhältnisse ändern Verhalten« oder auch etwas provokativer »Erlöst den Konsumenten!«. Stattdessen wollte man konkrete Einspartipps im Beitrag haben. Ende. Da gab es nichts zu verhandeln. Zehn bis 15 Sekunden sind halt auch kurz. Die haben das am Morgen so besprochen, und dann wird's auch so durchgezogen. Das kann ich ja auch verstehen.

Wenn die Fernsehleute meiner Einschätzung gefolgt wären, hätte das den Beitrag um 180 Grad gewendet. Aber so kündigt der Moderator an: »Ja, die Politik kann und muss Vorgaben machen, doch es liegt in erster Linie an uns, wie groß unser persönlicher ökologischer Fußabdruck ist.«

Wenn er gesagt hätte, es liege »*auch* an uns«, wäre das noch okay gewesen. Aber so? Ich erlebe das immer wieder. Viele Journalisten sind immer noch auf das Thema Konsumentenmacht fixiert. Und wenn der Staat Vorgaben macht, dann wird das oft kritisch gesehen – nicht immer. Oder vielleicht immer weniger. Gut so.

Kurzum: Es war regelrecht paradox, dass ausgerechnet ich über Verhaltenstipps spreche. Ein Bekannter hat das gut auf den Punkt gebracht:

»Hi! Gerade habe ich dich in den ›Tagesthemen‹ gesehen. Erst habe ich fast einen Herzinfarkt bekommen … Irgendwie hat die ARD die Botschaft umgedreht: Politik okay, aber was kann jeder Einzelne tun? Dabei willst du ja eigentlich sagen, dass genau deshalb politische Strukturen der Weg sind. Aber egal: Hauptsache, das Thema ist mit dir so prominent auf der Agenda.«

Ja, so sehe ich das auch. Diesmal konnte ich die Botschaft zwar nicht rüberbringen. Doch wer weiß, vielleicht ist bei den zwei Journalisten, mit denen ich Kontakt hatte, etwas hängen geblieben. Wir haben ja eine Weile geplaudert.

Und vielleicht machen sie mal einen Beitrag über die Ohnmacht des Einzelnen. Einen, der deutlich macht, wie wichtig EU-Standards sind, und der auf die unbequeme Wahrheit hinweist: Nur Limits beenden den Exzess.

Sylt: Wie schön es sein könnte

Gerade verbringe ich einige Tage auf Sylt. Es ist wirklich schön hier. Unendlich viel Strand. Was mir jedoch schon bei der Ankunft auffällt: Eine Busfahrt ist teuer. Für die kurze Strecke vom Bahnhof bis zur Unterkunft in Rantum verlangt der Fahrer 2,55 Euro. Beim Ausflug nach List werden 4,80 Euro fällig. Von einem Ende der Insel zum anderen sind es 7,80 Euro. Einfach!

Vielleicht liegt es daran, dass sich extrem viele Autos auf der Insel befinden. Mein Zimmer hat das Fenster zur Landstraße. Bis 23 Uhr brausen Pkw vorbei. Ein geschäftiges Treiben. Warum sind die Menschen (hier) so viel unterwegs, wo der Strand doch im Grunde von jedem Punkt aus nur einen Steinwurf entfernt ist?

Dem Anschein nach entsteht der meiste Verkehr durch Fahrten zu den Publikumsmagneten auf Sylt. Die großzügigen Parkplätze vor dem legendären Café Kupferkanne und vor dem Restaurant Sansibar sind überfüllt. So entsteht ein beträchtlicher Verkehrslärm, der offenbar politisch erwünscht ist. Autoroutine. Die Menschen tun das, was die Strukturen vorgeben. An keiner Stelle wird deutlich, dass Autos auf Sylt nicht willkommen sind. Die Insel ist »autogerecht«. Wunder-

Blechverschmutzung auf Sylt. Der massive Autoverkehr macht die schöne Insel hässlich. Wer den Gegensatz zwischen Blechverschmutzung und Strandidylle erfahren möchte, liegt mit Sylt genau richtig. Glauben die Insulaner tatsächlich, dass weniger Menschen kämen, wenn der Autotransport eingeschränkt würde und man im Gegenzug Bus und Bahn verbessert?

lich ist eigentlich nur, dass der Bahndamm nicht in eine Straße umgewandelt wurde.

Klimaschutz ist ein Thema auf Sylt. Jahr für Jahr müssen Millionen Tonnen Sand aufgeschüttet werden. Der steigende Meeresspiegel macht den Küstenschützern zu schaffen. All das kostet Geld. Über 100 Millionen Euro gibt Deutschland dafür jährlich aus. Vor diesem Hintergrund bietet die Bahn mit ihrem Sylt Shuttle für den Autotransport auch ein »Syltschützer-Ticket« an. Der Hin- und Rücktransport kostet dann 95 Euro und ist damit einen Euro teurer. Die Einnahmen fließen an die Stiftung Küstenschutz. Mit dieser lächerlichen Summe können sich die Verursacher der globalen Erwärmung so ihren Ablass beschaffen. SUV-Fahrern vermittelt man den Eindruck, sie tun etwas für den Küstenschutz.

Der Weg zur Ökoroutine sähe so aus: Die Kosten für den Fahrzeugtransport werden jährlich um 20 Euro angehoben, die Zahl der maximal transferierten Autos werden durch ein Buchungssystem limitiert, das Limit wird über 20 Jahre gesenkt. Ab 2025 erhalten nur noch emissionsfreie Wagen einen Transfer. Diese fahren maximal mit 30 Stundenkilometern. Schließlich könnte die Insel autofrei sein. Stille. Erholung. Überall.

Übrigens: Auch zahlreiche Hotelgäste sind mit dem Wagen angereist. Ich meine, wer mit dem Auto anreist, sollte auch ein Zimmer mit Fenster zur Straße bekommen.

Radeln bei Schnee: So geht's

Wenn es schneit, fahren nur noch echte Hardliner mit dem Fahrrad. Denn es ist nicht nur kalt und unbequem. Die Radwege sind meist komplett verschneit, noch etwas Frost drüber, und es entwickelt sich schnell zur Rutschpartie.

Die Straßen für den Autoverkehr sind hingegen meist gut geräumt. Das geht in Deutschland schließlich vor. Fährt man auf vier Rädern nicht auch wesentlich sicherer bei Glätte als mit zwei?

Egal, wichtig ist jedenfalls, dass auch die Radwege geräumt wer-

Geht doch: Ein geräumter Radweg erhöht die Verkehrssicherheit.

den, und zwar mindestens genauso schnell wie die Autowege bitte schön. Nur so ist es möglich, ganzjährig zu radeln und die Kosten für ein eigenes Auto zu sparen.

Nun hat Osnabrück, eine kleine Großstadt in Niedersachsen, vorgemacht, dass es geht. Es wurden extra Fahrzeuge angeschafft, Dienstpläne und Prioritäten überarbeitet. Mit Erfolg, die Radwege sind nun frei. Das ist eine schöne Geste der Stadt für Radler. Es ist eine Form der Wertschätzung. Und ja: So wird öko zu Routine.

Über »ideologiefreie« Autopolitik

Der Dieselskandal und die Tatsache, dass die Emissionen der Autos weit höher sind als bisher proklamiert, haben nicht nur die Autoindustrie unter Druck gesetzt. Die Politiker in den Stadträten sowie Landesund Bundesparlamenten sollen nun Antworten liefern. Die Anforderungen und Ziele sind klar, nur nicht die Maßnahmen, mit denen sie erreicht werden können. Die Politiker sehen sich damit konfrontiert, dass fast alle Wähler ein Auto besitzen. Und diese Wähler leben meist in einer persönlichen Rollenschizophrenie: Als Stadtbewohner verlangen sie, dass endlich etwas gegen Lärm und Schadstoffe unternommen wird. Als Autofahrer werden sie stinksauer, wenn die Fahrt zur Arbeit durch eine Tempo-30-Zone verlangsamt wird.

Politiker reagieren darauf mit ebenso widersprüchlichen Postulaten. Sie möchten den Eindruck erwecken, man werde das Problem jetzt richtig anpacken und rasch Maßnahmen gegen Lärm und krank machende Luft in den Städten umsetzen. Aber zugleich lehnen viele Entscheidungsträger und die Anhänger einer autofreundlichen Politik jede Einschränkung für den Autoverkehr ab. Doch diese radikale Abwehrhaltung wird maskiert – durch geschickte Verwendung von politischen Symbolbegriffen.

Sehr beliebt sind Formulierungen, in denen es heißt, man wolle *ideologiefrei* über Verkehrsplanung diskutieren. Dieser Begriff hat Konjunktur und wird in vielen Städten von Autofreunden verwendet. Wer sich für Maßnahmen ausspricht, die dem Autoverkehr Restriktionen auferlegen, und sich damit für mehr Grün und weniger Lärm verwendet, ist ein *Ideologe*. Die Gegner von Fahrverboten sind hingegen *vernünftig* und *undogmatisch*.

Das ist ein ziemlich cleverer Formulierungstrick. Genauso wie dieser: Auto, Rad und Bus müssten *gleichberechtigt* sein. Beide Begriffe, *ideologiefrei* und *gleichberechtigt,* werden auch im Koalitionsvertrag der seit 2017 amtierenden schwarz-gelben Landesregierung von Nordrhein-Westfalen verwendet.

Ist also ein *Ideologe*, wer sich starkmacht für Radler, Fußgänger und Nahverkehr? Politisch korrekt ist dieser Vorwurf kaum. Über 40 Jahre haben Politik und Verwaltung das Leitbild der autogerechten Stadt verfolgt. Viele Planer tun es noch bis heute. Ist diese über Jahrzehnte während und bis heute allgegenwärtige Straßenbaupolitik *ideologiefrei?* Sie steht für Enteignung, Lärmzunahme und landschaftliche Zerschneidung. Das Leitbild einer menschengerechten Stadt will genau das Gegenteil. Es ist innovativ, visionär und verantwortungsvoll gegenüber unseren Enkeln.

Ebenso irreführend ist die Formulierung, man wolle die verschiedenen Verkehrsträger *gleichberechtigt* behandeln. Maßnahmen zur Förderung von Rad und Bus sind in dieser Logik nur gut, solange sie den motorisierten Individualverkehr nicht einschränken. Mehr Platz für Radler und Fußgänger ist dann also eine Benachteiligung und damit *nicht gerecht.*

Da drängt sich die Gegenfrage auf: Ist es denn gerecht, dass zwei Drittel der Verkehrsfläche ausschließlich von Autos genutzt werden? Ist es fair, dass ein Wagen so viel Platz verbraucht wie sechs Fahrräder und acht Fußgänger?

Das Rad: Fitnessgerät und Sparbüchse *(vgl. G 88)*

Es ist ganz klar, Radeln ist deutlich günstiger als Autofahren. Wer den eigenen Wagen abschafft, spart monatlich zwischen 300 und 600 Euro, je nachdem, wie hoch der Kaufpreis war.

Doch auch die Gesellschaft spart, wenn Sie Fahrrad fahren. Wer zum Beispiel regelmäßig zur Arbeit radelt, ist deutlich fitter. Laut einer deutschen Studie spart das Gesundheitssystem viele Millionen Euro pro Jahr. Fahrradfahren stärkt das Herz-Kreislauf-System, schont aber gleichzeitig den Bewegungsapparat, da Radeln überaus gelenkschonend ist.

So vermeiden Berufspendler, die vom Auto auf das Fahrrad umsteigen, statistisch gesehen, rund 2.000 Euro jährlich an Kosten für Behandlungen im Falle einer Krankheit.[42] Würden mehr Menschen Rad fahren, sagt die aktuelle Studie, würden sie zudem »gesunde Lebenszeit« gewinnen. Zudem werden Kosten vermieden, weil Radler keine giftigen Abgase in die Luft blasen und leise sind. Lärm und Abgase machen krank. Und das kostet noch mal zig Millionen.[43]

Es lohnt sich also volkswirtschaftlich, in Radwege zu investieren. Und sie sind billig zu haben, wie der Vergleich zum Straßenbau zeigt: Ein Kilometer Autobahn in Berlin kostet 400 Millionen Euro. Für einen Autotunnel in der Fahrradstadt Freiburg werden pro Kilometer (!) 180 Millionen Euro verbaut.

Geradezu lächerlich sind da die Gelder für einen Radschnellweg, etwa den RS 1. Er verläuft über die Trasse der Rheinischen Bahn, die einst Güter von Werksgelände zu Werksgelände transportierte. Heute verbindet der Weg Konzernzentralen und wird von deren Rad fahrenden Angestellten genutzt. 1,8 Millionen Euro soll ein Kilometer kosten, also maximal ein Hundertstel der Summe, die für Autowege aufgewendet werden muss.[44]

Der Schrauber *(vgl. G 88)*

Nach einem Vortrag in Göttingen kommt Max auf mich zu und fragt nach weiteren Aufklebern. »Verbrennt Geld, macht fett. Spart Geld, verbrennt Fett«, steht darauf. Die möchte er gern in seinem Bekanntenkreis verteilen. Beim Gespräch erfahre ich, dass Max schon seit einem Jahr nicht mehr mit dem Auto zur Arbeit fährt. Seine Werkstatt liegt in der Stadt, also ideal für die Kundschaft – aber ungünstig gelegen für ihn. Denn er wohnt mit seiner Familie eher am Stadtrand.

Mit dem Fahrrad zur Arbeit, »zuerst waren das nur so Testfahrten«, sagt Max. Bewegung sei schließlich wichtig. Doch dann habe er schnell festgestellt, dass die Fahrtzeit mit dem Rad in der Regel kürzer ist als mit dem Auto. Mehr Bewegung ist gut für Gesundheit und Wohlbefinden und oft auch noch schneller. Das sind gewichtige Argumente für das Zweirad. Der Wartungsbedarf ist im Vergleich zum Pkw lächerlich gering und für den Schrauber Max ein Kinderspiel.

Inzwischen hat er sich zusammen mit seiner Frau Moni ein tolles Fahrrad gekauft und zusätzlich ein Transportrad – ein sogenanntes Bullitt-Rad, um genau zu sein, mit einer Kiste vorne. Die Kinder können darin sitzen, und gleichzeitig kann Moni auch Einkäufe damit transportieren. Das Auto benutzen Max und Moni nur noch selten, obwohl sie im verkehrstechnischen Sinne ungünstig wohnen.

Es gibt also Menschen, die bereit sind, ihr Fortbewegungsmittel zu wechseln, selbst in Lebenssituationen, in denen es nicht naheliegend erscheint. Ehrlich gesagt, von einem Kfz-Schrauber würde ich am wenigsten erwarten, dass er aufs Fahrrad umsteigt. Umso wichtiger ist es, dass wir gerade für diese grundsätzlich offenen Menschen derartige Strukturen schaffen, damit Radeln auch Spaß macht.

Radschnellwege sind so eine Struktur: Gut markiert und breit genug zum Überholen, stehen so Radwege zur Verfügung, auf denen sich Max und Moni sicher und wertgeschätzt fühlen. Letztlich geht es dabei auch um eine neue Aufteilung des Verkehrsraums zugunsten von Radfahrern und Fußgängern. Denn besonders sichere und breite Radwege – sogenannte Protected Bike Lanes – lassen sich oft nur einrichten, indem man bei den Flächen für Autos etwas abzwackt. Das kann dann schon mal, wie jetzt in Osnabrück beschlossen wurde, einen Parkstreifen kosten, in manchen Fällen sogar eine Fahrspur für Kraftfahrzeuge.

Kalte Enteignung

Bei allem Ärger um Stickoxide und Dieselbetrug kommt eine ebenso bedenkliche Entwicklung viel zu kurz: Der Straßenverkehr ist in den vergangenen 30 Jahren in deutschen Städten um zwei bis drei Dezibel lauter geworden. Das ist eine erhebliche Zunahme der Lärmbelastung. Warum wird darüber nur in Fachgremien diskutiert? Schließlich werden die Zustände immer beklagenswerter statt besser.

Ganz einfach: Es handelt sich um eine schleichende Katastrophe. Und jeder Autofahrer trägt daran eine Mitschuld. Wer möchte das schon gerne in der Zeitung lesen? Da ist es angenehmer, über Flüsterasphalt, Lärmschutzwände und Motorentechnik zu palavern. Das Problem wird auf die Technik, die Ingenieure und Planer geschoben. Wir haben es auch hier mit einer kollektiven Verantwortungslosigkeit zu tun.

Lärm ist eine extreme Belastung für die Gesundheit. Wer es sich leisten kann, wohnt ruhig. Häuser an stark befahrenen Straßen sind relativ billig zu haben. Menschen mit geringem Einkommen wohnen vergleichsweise laut. Dadurch verlieren in Deutschland Immobilien an Wert. Die kalte Enteignung von Immobilienwerten durch Straßenlärm nimmt seit Jahrzehnten zu und ist allgegenwärtig.

Der Wert eines Mehrfamilienhauses kann sich an einer stark befahrenen Straße gegenüber Häusern in ruhiger Wohnlage halbieren.[45] Die Mietmindereinnahmen belaufen sich auf schätzungsweise sieben Milliarden Euro im Jahr.[46] Wo bleibt die Aufregung über diesen Skandal?

Wäre es nicht eine attraktive Strategie – jetzt mal ganz aus Sicht der zumeist wohlhabenden Eigentümer gedacht –, sich massiv für einen Rückgang des Autoverkehrs in Städten einzusetzen? Auf allen Ebenen, über zig Kanäle, so wie Lobbyisten das so machen? Woran hakt es? Schließlich weiß jeder Makler, dass bei der Standortwahl vor allem drei Kriterien zählen: Lage, Lage und Lage. Vielleicht haben die Besitzenden nur noch nicht erkannt, dass sie finanziell davon profitieren, wenn der Straßenlärm abnimmt. Womöglich ist auch nur wenigen klar, dass die Lärmschutzdebatte über Flüsterasphalt & Co. wohlfeil ist, solange die Planer das Problem nicht bei der Ursache anpacken.

Genauso wie Häuser durch zunehmenden Straßenverkehr an Wert verloren haben, werden sie an Wert gewinnen, wenn er abnimmt. Wenn es gelingt, dass die Pendler mehr und mehr auf Rad, Bahn und Bus umsteigen, werden Immobilieneigentümer unmittelbar profitieren. Dasselbe gilt, wenn die Einkaufstouristen verstärkt Park-&-Ride-Systeme nutzen. Auch das autonome Fahrzeug birgt enorme Gewinnpotenziale für Hauseigentümer, wenn wir die neue Technik clever nutzen. Wenn es gut läuft, nimmt der Straßenlärm dramatisch ab. Wenn es dumm läuft, bleibt alles beim Alten: Die Menschen nutzen zwar selbstfahrende Autos, aber jeder sein eigenes.

Es wäre mithin naheliegend, dass sich die Verbände der Immobilienwirtschaft für die Strategie der Ökoroutine (Strukturen ändern statt Menschen!) einsetzen. Wie wir wissen, sind generelle Appelle an die Vernunft von Autofahrern absolut wirkungslos. Wenn man die Stadt jedoch mit Bahn und Rad deutlich schneller und womöglich auch günstiger erreicht, steigen die Menschen um. Das geht ganz ohne Moral!

Genau genommen müsste die Immobilienwirtschaft nur einfordern, was die Bundesregierung schon 2009 beschlossen hat: die Umsetzung des Nationalen Verkehrslärmschutzpakets. Dem zufolge soll Straßenlärm bis 2020 um 30 Prozent abnehmen. Zu schaffen ist das nur mit weniger Autofahrten, vor allem in der Stadt.

Übrigens: Eine Maßnahme, die sofort eine drastische Lärmschutzwirkung entfalten würde und im Grunde nichts kostet, ist Tempo 30. Würde diese moderate Geschwindigkeit in unseren Städten zur Regel, wäre das Leben auch an stark befahrenen Straßen deutlich erträglicher. Bisher ist das leider nicht erlaubt. An den verlärmten Hauptstraßen dürfen die Kommunalpolitiker kein Tempolimit verhängen. Dafür müsste man die Straßenverkehrsordnung ändern.[47]

Lärm schadet der Gesundheit

In Osnabrück leiden über 38.000 Menschen unter Straßenlärm, also fast ein Viertel der Einwohner. Die Belastung hat zugenommen, denn im Jahr 2012 lag der Wert noch bei 34.000. Dasselbe Bild ergibt sich in den meisten anderen Großstädten in Deutschland.

Die Autoparteien kämpfen weiter für die blechgerechte Stadt und bedauern die Sache mit dem Lärm. Ja, das sei nicht gut, sagen sie. Aber es gehe halt nicht anders. Weniger Autos seien schlecht für die Wirtschaft. Doch das stimmt nicht, wie man zum Beispiel im niederländischen Groningen sehen kann (siehe Seite 85/86).

Lärm kostet Geld. Denn Lärm schadet der Gesundheit. Das weiß jeder. Mit Studien, die das belegen, lassen sich Regale füllen. Eine von vielen Untersuchungen fand in der Region San Diego im US-Bundesstaat Kalifornien statt. Die Wissenschaftler hatten Lebensgewohnheiten, Blutwerte und Blutdruckschwankungen von mehr als 5400 Frauen betrachtet. Dabei zeigte sich, dass das Risiko für Bluthochdruck mit der Nähe zu einer stark befahrenen Straße zunimmt. Liegt die Wohnung weniger als 100 Meter von der Straße entfernt, erhöht sich das Risiko um 22 Prozent gegenüber jenen, die einen Abstand von mindestens 1.000 Metern aufweisen. [48]

Die Planer haben über 40 Jahre daran gearbeitet, dass Osnabrück autogerecht wird. Die Stadt hat neue Straßen gebaut und bestehende verbreitert. Bahnunterführungen und Fußgängertunnel sollten den Verkehrsfluss verbessern. Die Planer haben nur noch mehr Verkehr und Lärm erzeugt. Viele Politiker und Planer verdrängen bis heute, dass Beschleunigung die Wegstrecken verlängert.

Durch die Windschutzscheibe betrachtet, ist Osnabrück aber immer noch nicht autogerecht. Kein Wunder, die Straßen sind ja auch verstopft. Es sind einfach zu viele Autos. Leider ist die Stadt auch nicht menschengerecht. Andernfalls würden nicht so viele unter dem Verkehr leiden, von den Toten und Verletzten ganz zu schweigen.

Autonomes Fahren

Digitalisierung, autonomes Fahren, Elektroantrieb: Die anstehenden technischen Innovationen können Verkehrsflüsse und Mobilitätsverhalten revolutionieren. Ob die neue Welt dem Klimaschutz und zukünftigen Generationen dient, hängt von der bereitgestellten Infrastruktur ab. Was damit gemeint ist und welche Rolle dabei die Ökoroutine spielt, möchte ich am Zukunftsthema »Autonomes Fahren« erläutern.

Es ist eine faszinierende Vision: Mit dem Smartphone bestellt sich Peter einen Wagen. Er gehört nicht ihm, sondern den Stadtwerken, genauer den Verkehrsbetrieben. Innerhalb von 15 Minuten steht der Wagen vor der Tür, ungefähr so groß wie ein Smart. Eben weil es so schnell geht, lohnt es sich für Peter nicht mehr, einen eigenen Wagen zu unterhalten. In einer Gemeinde mit rund 5.000 Einwohnern sind einige Dutzend Wagen verfügbar. Das autonome Fahrzeug bringt Peter zum nächsten Bahnhof, auf dem Weg dorthin steigt ein weiterer Fahrgast zu. Vom Bahnhof geht es dann rasch in die City.

Regionen, in denen keine Bahnlinie verfügbar ist, haben Schnellbuslinien. Diese führen nicht über die Dörfer, denn von dort werden die Fahrgäste ja mit dem autonomen Fahrzeug gebracht, sondern direkt in die Stadt. Es handelt sich um ein sogenanntes Hub-System, das Menschen auch vom Land schnell in die Stadt bringt.

Selbstfahrende Autos können zudem den »Dorf-zu-Dorf-Verkehr« bedienen und etwaige Mitfahrsysteme übernehmen. Für derlei Verbindungen gibt es kaum Bus- oder Bahnverbindungen. Das eigene Auto würde schrittweise überflüssig. Es wäre leicht möglich, dass im Jahr 2035 nur noch halb so viele Autos auf den Straßen stehen. Die Potenziale des autonomen Fahrens sind faszinierend. So weit die Vision.

Denkbar wäre aber auch ein anderes Szenario: Alles bleibt beim Alten. Die Menschen nutzen zwar selbstfahrende Autos, aber jeder sein eigenes. Alle haben ihren Wagen vor der Haustür und lassen sich von der Maschine in die City bringen. Einparken muss Peter dann nicht mehr. Wie praktisch! Und wenn die Schwiegermutter anruft, ihr seien die Eier ausgegangen, dann lässt er die Lebensmittel eben mit dem Wagen vorbeibringen. Der kennt ja den Weg und findet auch allein zurück. Die Straßen wären dann noch voller als heute. Eine Horrorvision!

Es bleibt dabei, und hier wiederhole ich mich gerne: Unsere Routinen ändern sich nicht von allein. Erst wenn sich die Strukturen ändern, wandeln sich auch unsere Mobilitätsgewohnheiten.

Mit einem Eimer Farbe 30.000 Euro gespart

Ich treffe mich mit Christian auf ein Bier in der Stadt. Christian kommt heute ausnahmsweise mit dem Bus. Und macht einen ziemlich genervten Eindruck:

»Wie ätzend ist das, da fahr ich mal mit dem Bus in die Stadt und stehe dann mit den anderen Autos im Stau. Da kann ich doch genauso gut meinen Wagen nehmen. Der ist wenigstens klimatisiert.«

Auf dem Foto sieht man eine Sonderspur. Das hat nur etwas Farbe gekostet und die Störhalte für die Busse um fast 50 Prozent reduziert. Die kürzeren Buswartezeiten sparen rund 30.000 Euro pro Jahr.

»Stimmt, das ist Mist, aber jetzt kannst du entspannt ein Bier trinken.«

»Aber mit dieser Erfahrung werde ich es auch wirklich nur in solchen Fällen tun!«, meint Christian. »Und dann saß ich auch noch vor so einer verdunkelten Scheibe und konnte kaum rausgucken, weil da Werbung auf dem Glas klebte. Das hat mich eigentlich noch mehr geärgert.«

Christian hat völlig recht. Mit dem Bus fahren die Menschen erst dann, wenn es vorteilhaft ist. Das abendliche Bier reicht da als Grund nicht aus. Wichtiger ist, dass der Bus schnell ist, am besten schneller als das Auto.

Möglich ist das ganz einfach, und zwar durch Busspuren. Aber meist gibt es in den deutschen Städten ein Hauen und Stechen, wenn eine Pkw-Spur nur noch von Bussen und Taxen benutzt werden darf. Am größten ist die Aufregung in der Regel bei den Einzelhändlern. Sie vergessen, dass Fahrgäste aus dem Nahverkehr auch Kunden sind.

Dabei muss es gar nicht immer die kilometerlange Busspur sein. Schon ganz kurze Abschnitte, etwa vor Kreuzungen, sowie Sonderschaltungen an der Ampel können viel bewirken – und Geld sparen, denn Buswartezeiten kosten, weil durch die Verzögerungen mehr Busse benötigt werden und mehr Fahrerstunden. Je langsamer Busse vorankommen, desto teurer wird der Unterhalt. Und desto weniger Menschen haben Lust, den öffentlichen Nahverkehr zu nutzen. Schlechte Auslastung erhöht nochmals die Betriebskosten – ein Teufelskreis.

Dann ist es doch besser, die Städte machen es umgekehrt: Buslinien beschleunigen – und Geld sparen. Zusätzliche Kunden gewinnen, Auslastung erhöhen – und Geld sparen. Alle gewinnen: Der Nahverkehr wird günstiger, das ist gut für die Stadtkasse. Die Fahrgäste sind zufriedener. Auf den Straßen sind potenziell weniger Autos, und das beschleunigt wiederum den Autoverkehr.

Sind Autos verfassungswidrig?

Wiesbaden, 28. Februar 2019. Nach Angaben des Statistischen Bundesamts ist die Zahl der getöteten Radfahrer dramatisch gestiegen. So verunglückten im letzten Jahr 432 Radfahrer tödlich, 50 mehr als im Jahr zuvor, plus 13,6 Prozent. Abertausende werden verletzt ins Krankenhaus gebracht.

»Die Freiheit lasse ich mir nicht nehmen«, sagen viele Autofahrer. Als ich beim WDR5 auf Anruferfragen antworten sollte, kam auch genau diese Erwiderung. »Fahrverbote? Das geht gar nicht! Ich lasse mir das Autofahren doch nicht verbieten!«

So kann man das sehen. Auch dass ein Tempolimit auf der Autobahn »ohne Menschenverstand« sei. Aber wir sollten uns auch bewusst machen, dass man ein Automobil nicht nutzen kann, ohne die Freiheitsrechte anderer einzuschränken. Dazu sagt zum Beispiel unser Grundgesetz in Artikel 2 (2): »Jeder hat das Recht auf Leben und körperliche Unversehrtheit. Die Freiheit der Person ist unverletzlich. In diese Rechte darf nur auf Grund eines Gesetzes eingegriffen werden.« Aber im Straßenverkehr scheint das nicht zu gelten. Zu den Unfällen mit Toten und Verletzten kommen auch noch die Probleme Lärm und Schadstoffe. Mehr als 13.000 Menschen sterben deshalb in Deutschland jedes Jahr vorzeitig.[49]

»Geisterräder« als Mahnung: Täglich stirbt mindestens eine Radfahrerin oder ein Radfahrer im Straßenverkehr. Neben der Funktion als Gedenkstätte sollen die »Ghostbikes« auch auf mögliche Gefahrenpunkte hinweisen. Die Idee kommt aus den USA, seit 2009 mahnen sie auch in deutschen Städten zu mehr Vorsicht.

Was ist mit den Freiheitsrechten von Menschen, die an verlärmten Straßen leben? Darüber sollten die Herren im Bundesverkehrsministerium einmal nachdenken. Statt sich über »Radlerrambos« zu beschweren, können die Blechfreunde sich einmal die Frage stellen, ob das Auto überhaupt verfassungskonform ist.

Oder legalisiert die Straßenverkehrsordnung die tödliche Beschneidung der Freiheit? Schließlich tut nichts Unrechtes, wer mit 200 Stundenkilometern über die Autobahn rast.

Arsch hoch, Teil I:
Geh zur Critical Mass!

»Critical Mass«, zu Deutsch »kritische Masse«, ist eine weltweite Bewegung, bei der sich Radfahrer scheinbar zufällig und unorganisiert treffen, um mit gemeinsamen Fahrten durch Innenstädte, ihrer schieren Menge und dem konzentrierten Auftreten von Fahrrädern auf den Radverkehr aufmerksam zu machen.

Die erste »Critical Mass« fand im September 1992 im US-amerikanischen San Francisco statt. In Deutschland gibt es die Protestbewegung seit Ende der 1990er-Jahre. Das Besondere: Mehr als 15 Radfahrer dürfen nach § 27 StVO einen geschlossenen Verband bilden, der allerdings als solcher für andere Verkehrsteilnehmer deutlich erkennbar sein muss. Für diesen Verband gelten sinngemäß die Verkehrsregeln eines einzelnen Fahrzeugs, und er kann zum Beispiel – als wäre er etwa ein Sattelzug – in einem Zug über eine Kreuzung mit Ampel fahren, selbst wenn diese zwischenzeitlich auf Rot umschaltet.

Die Aktion gibt es in fast allen Städten. Einfach mal im Web suchen. Dort finden sich Angaben über Zeit und Ort. Meist ist es ein regelmäßiger Termin, zum Beispiel jeden letzten Freitag des Monats um 19 Uhr. Einfach mal mitfahren, das ist allemal besser als nix tun.

Critical Mass in Budapest. Hier sind Tausende zusammengekommen, um Flagge zu zeigen.

Arsch hoch, Teil II: Parking Day

Osnabrück, 22. September 2017. Heute findet der weltweite »Park(ing) Day« statt, bei dem Parkplätze zu Orten umfunktioniert werden, an denen man sich gern aufhält. Osnabrück ist erneut dabei – diesmal mit offizieller Unterstützung der Stadt.

Beim Parking Day können kreative Köpfe Parkplätze für einen Tag okkupieren und umgestalten – in grüne Ruheoasen, Fahrradabstellflächen, Grillplätze oder Badestrände. Der Kreativität sind keine Grenzen gesetzt, solange das Ziel im Auge behalten wird. »Macht, was ihr wollt, für mehr Aufenthalts- und Lebensqualität«, sagt die Stadt.

Für so eine Aktion musst du den Arsch hochkriegen.

Du willst weniger Autos in der Stadt? Dann tu etwas dafür, etwa beim »Park(ing) Day«. Das ist ein internationaler Aktionstag zur Re-Urbanisierung von Innenstädten: In der Regel am dritten Freitag des September werden Parkplätze im öffentlichen Straßenraum modellhaft umgewidmet, etwa zu einer grünen Oase oder als Gastronomie- und Sitzfläche, Fahrradabstellfläche usw.

Konsum

»Die Identität des Menschen definiert sich nicht mehr danach, was jemand tut, sondern danach, was er besitzt. Aber Besitz und Konsum befriedigen unsere Sehnsucht nach Sinn nicht. Ich bitte Sie zu Ihrem eigenen Wohl und für die Sicherheit der Nation, auf unnötige Reisen zu verzichten, und wann immer möglich, Fahrgemeinschaften zu bilden oder öffentliche Verkehrsmittel zu benutzen. Jede Form des Energiesparens ist gut für das Allgemeinwohl. Mehr noch, sie ist eine patriotische Handlung.«

Mitte 1979 wandte sich US-Präsident Jimmy Carter in einer landesweit ausgestrahlten Fernsehrede an die amerikanische Öffentlichkeit. Als Reaktion auf die damalige Ölpreiskrise rief er seine Landsleute zu einem sparsameren Umgang mit dem wichtigen Rohstoff auf.

Doch Carter begnügte sich nicht mit Appellen. Er übte auch grundsätzliche Kritik an der sich ausbreitenden Konsumkultur Amerikas. Die Grundbedürfnisse eines guten Lebens waren für die breite Bevölkerung längst erfüllt, dennoch ließen die Wünsche nach immer Mehr und immer Neuem nicht nach. Schwarz-Weiß-Fernseher waren toll, bis die farbige Variante auf den Markt kam. Die Zentralheizung setzte sich durch, Autos wurden größer und PS-stärker, und bis zum Mobiltelefon war es auch nicht mehr weit. Doch materieller Wohlstand, so Carter, kann unsere Sehnsucht nach Sinn nicht befriedigen.

Ist es vorstellbar, dass heute ein Präsident oder ein Bundeskanzler sich so äußern würde? *(Vgl. G 134 oben.)*

Plastik *(vgl. G135)*

Sie werfen jedes Jahr über 220 Kilogramm Verpackungsabfall in die Tonne. Sie verschwenden kostbare Ressourcen und belegen damit einen traurigen Spitzenplatz in Europa: Die durchschnittliche Pro-Kopf-Menge liegt in der EU bei knapp 170 Kilogramm.[50]

Alle reden von Nachhaltigkeit, aber die Müllberge wachsen. Bei den Eltern gab es Ende der 1960er-Jahre kaum Müll, geschweige denn Plastikberge. Wenn man die Leute auf die Abfallflut anspricht, kommt immer dieselbe Antwort: »Schlimm ist das!«

Brav sortieren die ordentlichen Deutschen ihren Müll. Plastik kommt in die gelbe Tonne. Doch nur 20 bis 30 Prozent davon werden wiederverwertet. Die Bürgerinnen und Bürger tun, was sie für richtig halten. Doch die verantwortlichen Politiker tun nicht, was getan werden muss.

Die Müllberge wachsen dramatisch, die Kunststoffverpackungen haben seit 2000 um 74 Prozent zugenommen.

Rund drei Viertel des Mülls wird verbrannt. Die Asche aus der Verbrennung ist extrem giftig und wird wie Atommüll in einem Salzbergwerk gelagert, 350.000 Tonnen im Jahr. Das ist doch ganz okay so, denkt sich offenbar die Mehrheit in der Bundespolitik.

Trends wie der »Coffee to go« im Einwegbecher und der boomende Versandhandel lassen den Berg an Verpackungsmüll weiter anwachsen. Allein bei den Kunststoffverpackungen stieg der Verbrauch zwischen den Jahren 2000 und 2016 um rund 74 Prozent.

Mein To-go-Missgriff

Niemand ist perfekt. Heute ertappe ich mich dabei. Habe mir vorhin einen Joghurt mit Früchten und Nüssen gekauft. Lecker! Im Zug stelle ich den Becher vor mir auf, daneben meinen Refill-Becher, darin Cappuccino. Erst jetzt wird mir klar, wie viel Abfall ich allein mit diesem Joghurt produziere. Pappe und drei Sorten Plastik für Löffel, Folie und Behälter. Der Refill-Becher sagt: Der gute Wille ist da. Der Plastikjoghurt signalisiert: Guter Wille wird wohl nicht genügen.

Wie gehen wir mit dem Problem um? Klar, ich hätte eine Banane kaufen können. Die ist mit ihrer Schale super umweltfreundlich ver-

Einen Refill-Kaffeebecher benutze ich schon. Mit dem Muslijoghurt habe ich zugleich einen Haufen Plastik erworben. Ich will das eigentlich gar nicht, dumm von mir. Damit sich Routinen ändern, müssen sich auch die Angebote wandeln.

Für die ganz Faulen: Bananen in Styroporschälchen und Folie. Aber ist das eigentlich wirklich praktischer? Wer isst schon drei oder vier Bananen?

packt. Doch das ist nur die individuell-moralische Lösung, die auch nicht in der Breite trägt.

Es gibt nur einen Weg, der rasch ans Ziel führt: Standards für To-go-Produkte. Diese müssten grundsätzlich wiederbefüllbar sein und gereinigt werden können.

Das geht nicht? Nun, beim Kaffee gibt es jetzt schon in vielen Städten solche Systeme. Das ist ein Anfang. Ziel müsste ein Bundessystem sein.

Natürlich gibt es Gegner. Das sind die Unternehmen der Verpackungsindustrie. Aber davon lasse ich mich nicht abschrecken. Die Verpacker können mit Reinigung und Befüllen viel mehr Geld verdienen und Arbeitsplätze schaffen. Ihre Weigerung, das Geschäftsmodell zu transformieren, ist bislang der Normalfall. Ohne Druck ändert sich nichts.

Da sind wir gefragt. Die aktiven und engagierten Bürger und solche, die es vielleicht noch werden. Die über mehr nachdenken als die Verwendung ihres Gehalts. Wir sind das Volk!

Noch mal zur Banane. Den Gipfel aller Verpackungsabsurditäten hat sich ein Discounter in Österreich geleistet: geschälte Bananen in Folie verschweißt. Wie praktisch ist das denn? Dann muss der Kunde die Frucht nicht auch noch selbst schälen!

Das hat dann zu viel öffentlichem Aufruhr und Spott geführt. Das sei nur der Irrweg eines Filialleiters gewesen, hat sich die Firma später entschuldigt. Aber eigentlich war das doch nur konsequent. Schließlich werden zig Obstsorten heute geschält und in Plaste abgefüllt angeboten.

Ruanda zeigt, wie Ökoroutine funktioniert

Wir können alles, außer Plastikmüll vermeiden. Dass es auch anders geht, zeigt Ruanda. Bereits seit 2008 sind in dem kleinen afrikanischen Land Plastiktüten nicht mehr erlaubt, einfach so. Wer Plastiktüten herstellt, verkauft oder importiert, dem drohen hohe Geldstrafen oder sogar Gefängnis.

»Plastiktüten sind in Ruanda verboten«, werden Reisende im Flugzeug kurz vor der Landung in der Hauptstadt Kigali informiert. »Wenn Sie Plastiktüten bei sich haben, lassen Sie sie bitte an Bord.« Am Flughafen weisen Verbotsschilder auf die Vorgabe hin.

Das Ergebnis des Verbots: Auf den Straßen Kigalis sieht man kein Plastik. Die Stadt ist erstaunlich sauber, ganz anders als in vielen anderen Städten des Südens. Flankiert wurde die Maßnahme mit einer aufwendigen Kampagne, Produzenten wurden darin unterstützt, sich umzustellen.

Inzwischen überlegt die Regierung von Paul Kagame sogar, Ruanda komplett plastikfrei zu machen. Der Präsident kann sich dabei auf die Verfassung seines Landes stützen. Sie räumt jedem Einwohner das Recht auf eine gesunde und wohltuende Umwelt ein, nimmt ihn aber auch in die Pflicht, diese zu bewahren.

Das Beispiel hat Schule gemacht. Heute gibt es über 40 Staaten, in denen Plastiktüten verboten oder mit einer Steuer belegt sind.[51]

Against Plastic Bottle: Es könnte so einfach sein

Neulich stehe ich im Supermarkt vor dem Flaschenautomat. Neben mir diskutiert ein Paar über unseren Flaschenmüll. Mir wird wieder bewusst, die Experten aus der Abfallwirtschaft leben in einer Wolke. Sie denken, ist doch ganz klar, welche Flaschen im Müll landen und welche wiederbefüllt werden. Doch in der Realität ist vielen Menschen der Unterschied eben doch nicht geläufig.

Es gibt Pfandflaschen für den Müll, der immerhin verwertet wird. Recycelt wäre zu viel gesagt, denn oft kommt es nur zur Verbrennung. Fachleute nennen das beschönigend: thermische Verwertung. Und dann gibt es Flaschen, die werden gereinigt und noch mal aufgefüllt. Und schließlich sind da noch Flaschen, die kann man direkt in den gelben Sack werfen.

Im Supermarkt stehen dann auch zwei Automaten für die Rückgabe. Im einen macht es so Knackgeräusche, weil die Flaschen zerquetscht werden: Müll. Im anderen bleiben die Flaschen heil. In beiden Fällen denken die Leute: »Ist doch gut so, ich habe die Flasche zurückgebracht, das ist mein Beitrag zum Umweltschutz.«

Stimmt leider nicht. Die Wegwerfflasche ist eine Ökosünde. Doch die Verpackungsindustrie hat es geschafft, den Kunden komplett zu verwirren. Beispielsweise präsentieren sie Studien, die nachweisen, wie umweltfreundlich angeblich die leichte Plastikwegwerfflasche ist. Ich will das hier gar nicht im Detail erörtern. Aber eines ist sicher: Bei kurzen Transportwegen ist sogar die schwere Glasflasche ihrer Konkurrenz überlegen und zudem zu 100 Prozent frei von Mikroplastik.

Sie hätten es gerne einfach? Das ist kein Problem. Wir machen das Mehrwegsystem für Kunststoff- und Glasflaschen einfach zum Standard. Dafür muss man nur einige Paragraphen in der sogenannten Verpackungsverordnung streichen und ändern: Sie schaffen wie bisher Ihre leeren Flaschen zum Supermarkt oder Discounter. Dort gibt es dann nur einen Automaten. Da macht es dann nicht knack, knack. Die Flaschen bleiben heil, gehen zum nächsten Produzenten und werden dort gespült und wieder genutzt.

Besonders einfach wäre es auch, wenn all diese Flaschen dieselbe Form hätten. Lediglich das Etikett zeigt, um welchen Hersteller es sich handelt. So bleibt ein fairer Wettbewerb erhalten, und so lässt sich vermeiden, dass die Flaschen mit Spezialform immer zum Original-Abfüller gebracht werden müssen. Keine Rücktransporte von Hamburg nach München. Das wäre mal effizient!

Im Gesetz müsste nur noch stehen, welche Form der zukünftige Standard ist. Viele Paragrafen wären dann entbehrlich. Das wollen doch angeblich alle: Entbürokratisierung. Hier wäre sie. Es könnte so einfach sein.

Was ist besser: Plaste oder Glas?

An welche einfachen Faustregeln kann ich mich halten, wenn ich mich beim Wasserkauf umweltfreundlich verhalten will?

Mehrwegflaschen sind trotz des höheren Transportaufwands aus ökologischer Sicht deutlich besser als Einwegflaschen. Glas-Pfandflaschen des Mehrwegsystems können bis zu 50 Mal, solche aus PET 25 Mal befüllt werden. Glasflaschen bestehen aus einem weniger problematischen Rohstoff. Bei Plastikflaschen kann man nicht sicher sein, dass sie keine umweltgefährdenden Stoffe an das Wasser abgeben.

Glasflaschen sind ökologisch besonders sinnvoll, wenn sie aus der Region kommen, also aus einem Umkreis von rund 70 Kilometern. Bei deutlich weiteren Entfernungen schneidet PET besser ab. Ob PET oder Glas: je kürzer der Transportweg, desto besser für die Umwelt. Bei Leitungswasser muss man sich über den Transportweg keinen Kopf machen, es ist nicht verpackt, und seine Qualität wird streng kontrolliert.[52]

Die Einweg-Plastikflasche wird nicht durch Ökomoral verschwinden. Auch Mehrwegflaschen werden durch Standards zur Routine. Eine entsprechende Verordnung müsste nicht erfunden werden. Es gibt sie bereits, wir müssten sie nur reformieren.

Unverpackt

Mehrwegsysteme sind nicht nur für Getränke relevant. Man kann sehr viele Lebensmittel in dieser Form anbieten, zum Beispiel alles, was die Supermärkte schon heute in Glasbehältern ins Regal stellen. Nüsse, Nudeln und Gewürze lassen sich lose aufbewahren.

Einen substanziellen Fortschritt bringen Geschäfte wie »Tara unverpackt« oder »Original Unverpackt«, die seit 2014 in einigen deutschen Großstädten eröffnet haben. Sie zeigen, dass Einkaufen auch ohne Verpackung möglich ist.

Ökoroutine heißt, dieses Konzept zum Standard zu erklären. Natürlich nur, wenn es funktioniert und eine kritische Masse erreicht hat. Wenn es die ersten 50 Läden gibt, ist es Zeit, darüber nachzudenken, wie sich die Selbstabfüllung von Produkten schrittweise etablieren lässt. In einer ersten Phase wäre das für Nudeln, Reis und dergleichen möglich. Wo das nicht so gut klappt, gibt es Mehrwegbehälter.

So wird öko zur Routine: Wir machen unverpackte Ware zum Standard. Schrittweise, versteht sich, damit sich alle darauf einstellen können.

In die Puschen kommen

Ich sitze in einem Seminar mit Studierenden. Die Referentin präsentiert abschließend ein Zitat von Hannes Jaenicke, das mich sehr beeindruckt: »Stell dir vor, du bist eine alleinerziehende Mutter, hast zwei Kinder. Denkst du dann wirklich darüber nach, unverpackt einzukaufen? Nein, Industrie und Politik müssen in die Puschen kommen. Das kann nicht an uns hängen bleiben – das kann nicht sein.«[53]

Jaenicke ist nicht nur Schauspieler, er ist auch Umweltschützer. Er belässt seine Teilhabe an unserer Demokratie nicht beim Gang zur Wahlurne. Jaenicke kämpft für Artenschutz und gegen Plastikmüll. Er kann anschaulich erklären, warum viele Menschen mit einem plastikarmen Konsum überfordert wären – und warum deshalb klare Vorgaben durch die Politik nötig sind. Genau das ist die Idee von Ökoroutine.

Nespresso: Wir geben uns die Kapsel

Nespresso behauptet, sein Kaffee aus Aluminiumkapseln sei vergleichsweise gut für die Umwelt. Ist das so? Nein, das ist nur dreist. Selbst offensichtliche Verschwendung wird uns noch als ökologisch vorteilhaft angepriesen. Irgendwer findet sich immer, der die systematische Irreführung mit einer Pseudostudie unterfüttert.

Wir geben uns die Kapsel. Während der Absatz von stinknormalem Filterkaffee sinkt, legen die Portions-Bömbchen kräftig zu. Damit fielen 2016 in unserem aufgeräumten Land ganze 8.000 Tonnen Kapselmüll an. »Der helle Wahnsinn«, sagt Thomas Fischer, Abfallexperte der Deutschen Umwelthilfe.[54]

Schon seit sie Mitte der 1980er-Jahre auf den Markt kamen, galten die Espressokapseln als Umweltsünde. Tasse für Tasse ist die Kaffeeportion in ein Extraaluminiumdöschen verpackt. Nachdem eine Maschine mit viel heißem Dampfdruck das Aroma aus dem Kaffeepulver gebrüht hat, wandert die Kapsel mit dem feuchten Rest in den Müll. Das heißt für Tausende Tonnen »thermische Verwertung«. Verfeuerung in Müllverbrennungsanlagen. Nix Recycling.

Und das auch noch mit dem Horror-Rohstoff Aluminium, der aufwendig aus dem Mineral Bauxit mit viel Chemie und Strom herausgelöst werden muss.

Viele Nespresso-Fans haben bestimmt ein schlechtes Gefühl. Das ist dem Produzenten natürlich klar. Deswegen hat er eine »Studie« in Auftrag gegeben, die das Produkt »grünwäscht«. Bestimmt gab es auch mal Studien, die belegt haben, dass Asbest unschädlich für unsere Gesundheit ist. Fake-Wissenschaft gibt es schon lange.

Kaffeeliebhaber sollten besser zu einer ordentlichen Espressomaschine wechseln oder einfach auf die gute alte Kanne setzen. Oder man spaziert zum Barista einer Italo-Bar um die Ecke. Der bereitet täglich Hunderte heiße Tässchen zu.

Und was geschieht mit den Alukapseln? Davon verabschieden wir uns. Es gibt heute schon eine Ökovariante, die ohne Aluminium auskommt, und sogar eine, die gar keinen Müll produziert. Der Behälter wird einfach für jede neue Tasse händisch befüllt. Problem gelöst. Das Gute und Richtige, das machen wir zum Standard.

Meine Espressokanne

Auch mir fällt es schwer, vom »Immer mehr« zu lassen. Ganz oft denke ich: »Das will ich auch haben.« Zum Beispiel ein Smartphone: Terminabstimmung mit der Familie, Fußgänger-Navi, Bahn-Mobil, alles so praktisch! Und natürlich wollte ich auch eine tolle Espressomaschine. Ein Kollege hatte mir von einem sehr guten Gerät erzählt, mit dem der Kaffee super gelingt.

Meine Frau war dagegen: »Nicht noch mehr Geräte!« Sie hatte ja recht. Bei einem neuen Kaffeeautomaten kommen jährlich locker 100 bis 200 Kilowattstunden zusätzlicher Stromverbrauch zusammen. Das muss nicht sein.

Wir bleiben jetzt bewusst bei der Espressokanne und kochen weiter auf dem umweltfreundlichen Gasherd. An diesem Punkt emanzipieren wir uns vom Konsumtrend. Das fühlt sich gut an.

Die Macht der Routine

Zu Besuch bei Freunden. Noch vor dem Frühstück kommt das Thema Verpackungsmüll zur Sprache. Plastik, Metall, Pappe, Papier, der ganze Wahnsinn. Kurz darauf meint Walter: »Komm, dann gebe ich dir jetzt einen Leinenbeutel mit, und darin kannst du dann die Brötchen transportieren.«

Ich: »Gut. Dann muss ich jetzt beim Bäcker nur noch daran denken, den neuen Beutel auch über die Theke zu reichen.« Ha, ha, lachen alle.

Kurze Zeit später bin ich mit den Gedanken ganz woanders. Ich suche die Brötchen aus und bezahle. Erst als ich die Papiertüte mit ihrem Inhalt in den Leinenbeutel stecke, wird mir die Bedeutung des Slogans von der Macht der Routine wieder schlagartig bewusst. Ich habe tatsächlich verpennt, den Beutel über die Theke zu geben, damit die Papiertüte nicht nötig gewesen wäre. Die Routine hat mich fest im Griff.

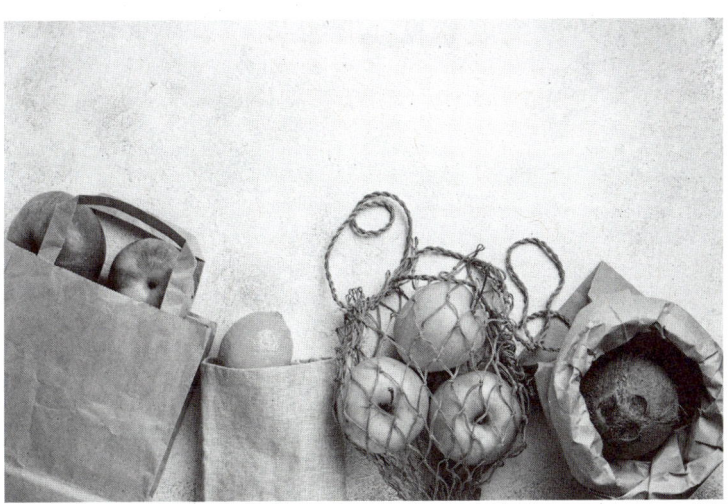

Es gibt mittlerweile viele Möglichkeiten, seine Einkäufe umwelt-schonend zu verpacken. Die (Einweg)Papiertüte ist dabei meist die schlechteste Wahl.

Ähnlich geht es mir auch in der Obstabteilung. Zu Hause haben wir Extranetze für Obst. Aber man muss natürlich vorher daran denken, sie einzupacken. Das klappt leider nicht immer.

Was würde meine Alltagsroutine ändern? Zum Beispiel wenn die Bäckerin gefragt hätte: »Möchten Sie eine Tüte?« Vermutlich würde sich meine Routine auch wandeln, wenn die Tüte 30 oder 50 Cent extra kosten würde. Bei Plastiktüten wird das inzwischen schon oft gemacht.

Noch besser wäre es, den Verkauf von Tüten einfach zu stoppen. So hat es Rewe bei Plastiktüten gemacht und später Lidl und andere. Der Discounter spart damit jedes Jahr 3.500 Tonnen Plastik.

Kampagnen können solche Ansätze begleiten. Allein würden sie jedoch wenig bewirken.

Wegwerfkleidung

Die Ex-und-hopp-Mentalität hat sich auch bei unserer Kleidung durchgesetzt. Jedes Jahr werden allein in Deutschland mehr als 1,5 Milliarden Kleidungsstücke weggeworfen.[55] Die Modeketten bringen in immer kürzeren Abständen neue Kollektionen auf den Markt. Primark ist zum Symbol der textilen Wegwerfgesellschaft geworden. Die britisch-irische Kette verkauft Mode zum Dumpingpreis.

Das Konzept ist gefragt, regelmäßig eröffnet das Unternehmen neue Filialen. Erst in jüngster Zeit zeigen sich erste Anzeichen, dass der Markt übersättigt sein könnte – Primark verkleinert seine Ladenflächen in Deutschland, weil der Umsatz nicht mehr wächst.[56]

Möglich sind die Niedrigpreise der Fast-Fashion-Anbieter durch eine systematische Missachtung von Menschenrechten. Achtzig Stunden in der Woche, teilweise auch deutlich mehr, schuftet die überwiegend weibliche Belegschaft für einen Hungerlohn – schlimmstenfalls bis sie tot umfallen.[57]

Immer wieder kommt es in den sogenannten Sweatshops zu katastrophalen Brandunfällen. Im April 2013 stürzte in Bangladeschs Hauptstadt Dhaka eine achtstöckige Textilfabrik ein. Mehr als 1.100 Näherinnen starben, 2.400 erlitten teils schwere Verletzungen.

Primemark ist zum Symbol der textilen Wegwerfgesellschaft geworden. Das 50 Jahre alte Unternehmen produziert seit den 1970ern in Billiglohnländern unter teils haarsträubenden Arbeitsbedingungen.

Die Arbeiterinnen hatten nicht nur für Primark gefertigt. Auch bekannte Marken und andere Modeketten ließen hier produzieren. Von den erbärmlichen Produktionsbedingungen erfuhren Kunden und Öffentlichkeit erst durch die Katastrophe.

Textile Wegwerfmentalität überwinden *(vgl. G 135)*

Kleidung unterliegt der Mode. Selbst bei Herrenanzügen, an denen sich nur Details verändern, wissen Kenner das ungefähre Alter abzuschätzen. Geplante Obsoleszenz, also das bewusst herbeigeführte Veralten von Produkten, ist gewissermaßen die innere Logik der Textilbranche.

Doch es gibt gravierende Unterschiede. Jacken, die zeitlos sind, Stoffe, die nicht schon nach kurzer Zeit fadenscheinig werden, Schuhe, die man reparieren kann, womöglich sogar mehrfach. Schon heute bieten einige Hersteller für Oberhemden freiwillig fünf Jahre Gewährleistung an. Das könnte man zum Standard erheben – für die gesamte Garderobe.

Klar, würde man die Näherinnen in den Fabriken darüber hinaus auch noch auskömmlich bezahlen und die Grundstoffe umweltverträglich bereitstellen, dann könnte unsere Kleidung nicht mehr so billig sein wie bislang. Doch womöglich würden wir unsere Hosen, Mäntel, Röcke und T-Shirts dann auch länger tragen, sie eher im Kleiderkreisel tauschen und insgesamt seltener etwas Neues kaufen. Oder ist das nur ein kühner Traum?

Denkbar wäre ein internationales Abkommen zur Firmenhaftung. Vorbild könnte der »Dodd-Frank Act« sein, der die Beschaffung von Rohstoffen aus Konfliktregionen in den USA begrenzen soll. Zwar sieht das Gesetz kein Verbot vor, doch alle US-börsennotierten Unternehmen müssen seit Mai 2014 offenlegen, ob sie sogenannte Konfliktmineralien – beispielsweise aus der Demokratischen Republik Kongo – verwenden. Motto: »Name and Shame«. Die Grundidee ist, dass die Unternehmen aus Sorge um ihre Reputation ihr Verhalten ändern werden.

Das US-Gesetz hat das Thema auf die internationale Agenda gebracht. Vor allem die Elektronikindustrie, Automobilzulieferer und Werkzeughersteller müssen ihre Lieferketten genauer betrachten. Herstellerverbände empfehlen ihren Mitgliedern, die Vorgabe sehr ernst zu nehmen. Mit dem neu eingeführten Gesetz entsteht de facto eine Pflicht zur Offenlegung der gesamten Lieferkette. Auch Unternehmen in der Liefer- beziehungsweise Produktionskette zur Herstellung eines Produkts sind damit mittelbar betroffen.[58] Allerdings hat US-Präsident Trump das Gesetz mittlerweile gelockert.

Doch wäre eine ähnliche Regelung gewiss auch für Textilien möglich. Übergangsweise könnte man es beim »Name and Shame« belassen. Später ließen sich auf diesem Weg die Einhaltung von Menschenrechten manifestieren und letztlich öko-faire Standards bei der Produktion etablieren.

Oh Schreck, die Skifahrerzahlen stagnieren!

Im Reiseteil der »Süddeutschen Zeitung« fällt mir ein Artikel über die Zukunft des Winterurlaubs in den Alpen auf. Die Zahl der Skifahrer wachse in Westeuropa seit Jahren nicht mehr, heißt es dort. Angesichts dieser Stagnation brauche es neue Konzepte für den Urlaub in den Alpen.[59] Mich irritiert das.

Die Skigebiete in den Alpen, vor allem in Österreich, sind ohnehin schon überlaufen. Der Wintersport erlebt einen anhaltenden Boom. Aber er wächst nicht. Ist sie wirklich so schlimm, die Stagnation? Braucht es tatsächlich neue Konzepte, damit die Zahl der Touristen (wieder) weiter zunimmt?

Muss wirklich alles wachsen, immer und überall? Es darf bezweifelt werden, ob das auf Dauer gut geht. Auch weil eines ganz sicher nicht wächst: das Wohlbefinden der in den Tourismusgebieten lebenden Menschen. In einer Welt, in der nahezu alles auf Expansion ausgerichtet zu sein scheint, ist es umso wichtiger, auf die Grenzen des Möglichen und Machbaren hinzuweisen.

Für die alpenländische Tourismusstrategie bedeutet das, *keine* Konzepte für weiteres Wachstum zu entwickeln. Keine weiteren Hotels, keine Skipisten, keine Rodelbahnen. Dann gibt es auch nicht noch mehr Verkehr. Es einfach lassen und sich auf die Pflege des Bestehenden konzentrieren.

Es gäbe auch so noch viel zu tun. Das Stichwort: nachhaltiger Tourismus.

Feel Good *(vgl. G 134)*

11. November 2018. Eine Forsa-Umfrage zum Stand der deutschen Energiewende, die von der Zeitung »Die Welt« und dem Energiekonzern EnBW in Auftrag gegeben wurde, unterstreicht erneut, wie umweltbewusst die Deutschen sind. Die große Mehrheit der Bundesbürger ist demnach bereit, für die Energiewende Opfer zu bringen.[60]

Und nicht nur das. Nahezu alle Befragten geben außerdem an,

dass sie in den letzten Jahren persönliche Verhaltensänderungen ergriffen haben, um das Klima zu schützen. 85 Prozent sparen laut Umfrage im Haushalt Energie, 74 Prozent verzichten häufiger auf Plastiktüten, 64 Prozent haben sich effizientere Haushaltsgeräte zugelegt. Bald 60 Prozent essen nach eigenen Angaben weniger Fleisch, die Hälfte lässt das Auto häufiger mal stehen. Fast ebenso viele erklären, dass sie jetzt weniger fliegen.

Dass so viele Bürger bereit seien, auf die gewaltigen Herausforderungen des Klimaschutzes mit einer persönlichen Verhaltensänderung zu reagieren, stimme optimistisch, schreibt »Welt«-Redakteur Daniel Wetzel.

Also, ich bin ja auch Optimist. Für mich ist das Glas immer halb voll und nicht halb leer. Doch ich bin auch Wissenschaftler und Realist genug, um mich von solchen Umfragen nicht blenden zu lassen. Denn die konkreten Zahlen ergeben ein anderes Bild als die Bekenntnisse aus der Forsa-Umfrage. Der Fleischverzehr ist heute fast genauso hoch wie im Jahr 2000,[61] die Bundesbürger fahren so viel mit dem Auto wie noch nie,[62] und auch die Fliegerei nimmt beständig zu.[63]

Wir sollten endlich aufhören, uns etwas vorzumachen. Solche Befragungsergebnisse sagen nichts aus über die reale Entwicklung. Besonders beim Thema Mobilität haben sich die Zustände in den letzten Jahren verschlimmert. Daran hat auch der Boom von Carsharing und E-Bikes nichts geändert.

Was sagt uns dann die Forsa-Umfrage? Ganz einfach: Mental sind die Menschen bereit. Sie sind offen für Veränderungen.

Gefragt sind jetzt Politiker, die solche Umfragen als Aufforderung zum Handeln verstehen. Gefragt sind mutige Politiker, die sich nicht vor Konzernen zum Teppich machen. Wettbewerb und Marktwirtschaft sind hocheffektiv. Aber die Richtung, in die sich der Markt entwickelt, müssen unsere gewählten Vertreter in den Parlamenten bestimmen. Sie müssen die Innovationsrichtung definieren.

Das ist in vielen Bereichen verblüffend einfach. So gibt es beispielsweise bereits eine EU-Vorgabe, wie viel CO_2 die Autos durchschnittlich emittieren dürfen. Dieser Standard wird gerade weiter angehoben. Die Parlamentarier könnten festlegen, dass das Nullemissionsauto ab dem Jahr 2033 der Regelfall sein muss. Wie die Konzerne das hinbekommen, können sie getrost den Ingenieuren überlassen. Die Autofahrer müssen sich dafür nicht ändern.

Und was können Sie dafür tun? Sie können Ihrem Abgeordneten einen Brief schreiben oder einem Vertreter im Ausschuss für Verkehr. Sie können Petitionen unterzeichnen, einen Verband für enkeltaugliche Mobilität unterstützen oder an Protestaktionen teilnehmen. Sie können auch eine Partei wählen, die sich gegen den Bau von neuen Straßen, Parkplätzen und Landebahnen ausspricht.

Wegwerf-Smartphone *(vgl. G 135)*

Besonders dramatisch ist die Ressourcenverschwendung bei Elektrogeräten. Kein Land der EU produziert so viel Elektroschrott wie Deutschland. Rund 777.000 Tonnen waren es dem europäischen

Mit einer Fake-Anzeige macht Greenpeace auf groteske Werbebotschaften aufmerksam. Kurze Innovationszyklen und Werbung gehen Hand in Hand. Eine Herstellergarantie von vier Jahren und ein garantiertes Update für sechs Jahre wirken dem entgegen.

Statistikamt zufolge im Jahr 2010. Auf Platz zwei liegt Italien mit 582.000 Tonnen.[64]

Und dabei ist nur der Elektroschrott erfasst, der ins Recyclingsystem wandert. Nach Schätzungen der Vereinten Nationen fallen in der Bundesrepublik tatsächlich Jahr für Jahr fast zwei Millionen Tonnen Elektromüll an – der größte Teil des Schrotts landet also noch nicht einmal im Recycling, sondern »verschwindet« einfach.[65]

Einfach mal reparieren

Waschmaschine, Mikrowelle, Geschirrspüler warten am Straßenrand auf den Sperrmüll, dabei ist der Defekt oftmals durch den Tausch einer einfachen Sicherung binnen Minuten behebbar. Doch wer traut sich das schon zu? Und professionelle Reparaturen sind teuer, wenn sie überhaupt ausgeführt werden.

Neulich ist mir dieses Plakat begegnet. Das ist eine sehr lobenswerte Initiative der Verbraucherzentrale Nordrhein-Westfalen, um die Menschen auf die Möglichkeiten hinzuweisen, die sich durch Reparatur ergeben.

Reparaturnetzwerke und sogenannte Repair-Cafés widersetzen sich dieser Wegwerfkultur. Unter dem Motto »Wir machen's wieder gut« leistet das Wiener Netzwerk seit 1999 einen Beitrag zur Abfallvermeidung und Ressourcenschonung, indem es unkompliziert qualifizierte Reparaturbetriebe vermittelt. Die Idee der Repair-Cafés stammt von einer niederländischen Umweltjournalistin. Seit dem Start ihrer Initiative 2009 haben die Selbsthilfewerkstätten zahlreiche Nachahmer gefunden und sind inzwischen auch in Deutschland häufig anzutreffen. Nicht nur elektrische Geräte, auch Kleidung, Möbel oder Fahrräder werden instand gesetzt. Mitunter gibt es bei Kaffee und Tee auch professionelle Hilfe. So ist es im Repair-Cafés in Berlin-Kreuzberg möglich, defekte Smartphones selbstständig unter Aufsicht von Technikern zu reparieren. Das unterstützende Unternehmen iDoc stellt Schritt-für-Schritt-Reparaturanleitungen kostenlos zur Verfügung und bietet Ersatzteile und Spezialwerkzeug zum Verkauf an, um auf diesem Weg vielen Interessierten eine selbstständige Reparatur zu ermöglichen, statt defekte Geräte einfach wegzuwerfen.

Die Renaissance des Reparierens verlängert die Nutzungsdauer von Produkten und spart damit Ressourcen und Geld. Das Potenzial ist erstaunlich. Ganz entfalten wird es sich indes erst durch verlängerte Garantien seitens der Hersteller, wenn es also gelingt, die Wertigkeit von Produkten und Gewährleistung zu erhöhen.

Murks: Vorzeitiger Produktzerfall

Für die Umwelt ist es zweifellos besser, wenn unsere Elektrogeräte länger halten und länger genutzt werden. Doch das ist schwerer denn je, weil sich sowohl Haltbarkeit als auch Nutzungsdauer verringert haben.

Insbesondere elektronische Geräte geben vorschnell den Geist auf. Stefan Schridde bezeichnet so etwas schlichtweg als »Murks«,[66] die Wissenschaft spricht von »Obsoleszenz«. In den USA ist Obsoleszenz als Marketingstrategie schon lange Thema, und zwar in der Automobilindustrie. Während Ford noch Langlebigkeit zum Ziel hatte, setzte General Motors ab 1923 erstmals auf geplante Obsoleszenz. Durch schnellen Modellwechsel sollte möglichst ein hohes Absatzvolumen erreicht werden. Die Haltbarkeit wurde künstlich verringert, die Abnutzung beschleunigt. Im sogenannten Phoebuskartell verständigten sich 1925 die weltweit führenden Glühlampenhersteller darauf, die Lebensdauer von Glühlampen unter Androhung von Sanktionen künstlich auf maximal 1.000 Stunden zu begrenzen.

Auf der Website »murks-nein-danke.de« sammelt Schridde jedenfalls unzählige Beispiele für Mängel an Waschmaschinen, Mixern, Fernsehern, Staubsaugern oder Kaffeeautomaten. Es ist recht einfach, die Haltbarkeit eines Geräts zu planen, beispielsweise durch die Qualität der verwendeten Kunststoffe, Kondensatoren oder Widerstände.[67]

Aber es wäre auch politisch möglich, auf eine längere Haltbarkeit hinzuwirken.

Verlängerung der Gewährleistung

In Deutschland gibt es bereits einen Standard für die Mindesthaltbarkeit von Produkten. Die Gewährleistungspflicht verlangt von den Unternehmen, für ein halbes Jahr Mängel nachzubessern, wenn diese zum Zeitpunkt des Verkaufs bereits bestanden. Eine Garantie ist dagegen lediglich eine freiwillige Zusage des Herstellers oder Verkäufers.

Die Länge der Gewährleistungspflicht liegt in Europa bei mindestens zwei Jahren. Sie variiert in den einzelnen Mitgliedsstaaten zwischen zwei und sechs Jahren. Deutschland setzt lediglich die Minimalanforderung von zwei Jahren um, in Schweden sind es drei, Frankreich legt fünf Jahre fest, Irland sogar sechs.[68]

Darüber hinaus bestimmen die Länder den Zeitraum der sogenannten Beweislastumkehr unterschiedlich. Die Bundesrepublik hält die ersten sechs Monate für angemessen. Innerhalb dieser Zeit muss der Verkäufer beweisen, dass kein Mangel vorliegt, danach der Kunde. Die Slowakei und Polen haben sich auf ein Jahr festgelegt, Frankreich, Portugal und Schweden auf zwei Jahre.

Das Ergebnis ist Ökoroutine. Wir machen besonders haltbare Produkte zum Standard. Um das zu erreichen, wäre nicht einmal ein

Wir machen besonders haltbare Produkte zum Standard und verlängern die Garantie. Das zwingt die Anbieter, hochwertigere Produkte anzubieten. Die Verbraucher haben länger Ruhe, weil sie weniger oft reklamieren oder kaufen müssen, und es landet weniger im Müll.

neues Gesetz nötig. Im bestehenden Paragrafenwerk müssten lediglich einige Zahlen ausgetauscht werden. Profitieren würden alle.

Idealerweise einigen sich die Länder der Europäischen Union auf eine gemeinsame Regelung. Konkurrenzdruck wäre dann kein Problem, da alle Importe die EU-Standards einhalten müssen. Um nicht alles in einen Topf zu werfen, ist es sinnvoll, nach Produktarten zu unterscheiden. Für Tablets und Computer wäre eine Gewährleistung von fünf Jahren angebracht. Bei Schuhen dürfen es drei Jahre, bei Kühlschränken und Möbeln auch zehn oder 15 Jahre sein. Über diesen Zeitraum hätten die Hersteller nachzuweisen, dass Ausfälle nicht durch einen Mangel in der Fertigung verursacht wurden. Der Vorteil für den Einzelhandel: Die Verantwortung verbliebe nicht allein beim Verkäufer.

Eine Beweislastumkehr und eine ausgedehntere Herstellergarantie würden sogar bei einem Lifestyleprodukt wie dem Mobiltelefon zu einer verlängerten Nutzungsdauer führen. Wenn Smartphones zukünftig vier Jahre halten müssten, wird es deutlich attraktiver, sie weiterzuverkaufen oder zu verschenken, auch weil sich der Weiterverkaufswert erhöht. Die Geräte landen seltener im Müll, die Dauer ihrer Nutzung verlängert sich insgesamt. Der Verbrauch von kostenbaren Rohstoffen wird somit spürbar verringert.

KONSUM in Deutschland

Earth Overshoot Day immer früher

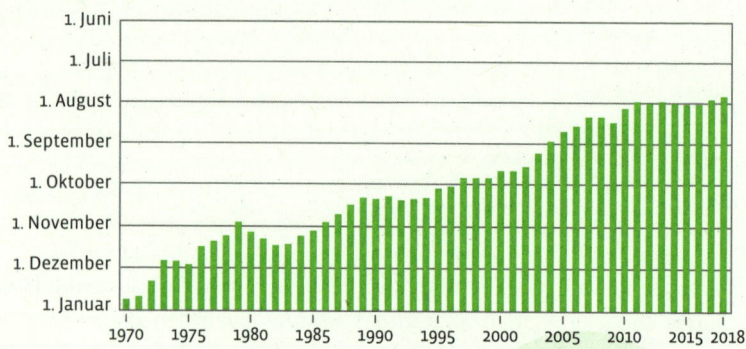

Rund 80 % der Deutschen

finden das Thema Nachhaltigkeit wichtig, 77 % geben an, beim Einkaufen darauf zu achten, beim Fliegen sind es nur 25 %. Befragt nach den Maßnahmen, nennen Menschen häufig Plastikverzicht bis hin zu »Kleidung mieten« (20 %). Das alles ist wichtig, aber noch wichtiger ist: Werden Sie als Bürgerin und Bürger aktiv. Demonstrieren bringt's und kann obendrein Spaß machen!

Top 5 Maßnahmen der Befragten

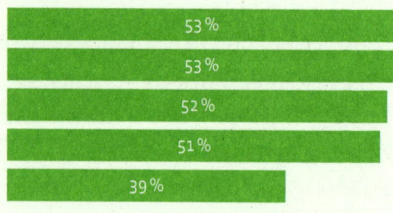

Auf Plastik verzichten, wenn möglich	53 %
Dinge reparieren, statt neu zu kaufen	53 %
Kleidung trocknen ohne Trockner	52 %
Strom/Energie sparen	51 %
Insgesamt weniger kaufen	39 %

Wenig nachhaltige Textilbranche

- 8.000 Liter Wasser werden benötigt, bis die Jeans im Laden ist.
- Durch den Transport einer Jeans werden 23,5 kg CO_2 verursacht.
- Jeder Deutsche kauft im Schnitt 60 neue Kleidungsstücke pro Jahr.
- Textilarbeiter in Südostasien verdienen ca. 70 bis 80 $ im Monat.

Widersprüchliche Plastiktrends?

Verpackungsabfälle aus Kunststoff   Plastiktütenverbrauch pro Kopf

6,2 Mio. t

68

3,1 Mio. t

29

1995   2017   2015   2017

Plastik ist seit Kurzem Topthema, die Plastiktüte
ist zunehmend verpönt – ihr Verbrauch hat sich
in kürzester Zeit halbiert. Ob es gelingt, die
Zunahme bei Verpackungsabfällen aus Kunststoff
auch umzukehren, ist noch ungewiss.

Elektroschrott

Mit 22,8 kg jährlichem Elektroschrott pro Kopf
liegt Deutschland weit vor China (5,2) und
knapp vor den USA (19,4), auch wenn diese
beiden Länder, absolut gesehen, 3,5-mal so viel
Schrott erzeugen (D: 1,9 Mio. t).

Es gibt sie noch, die guten Dinge

Ein gutes Beispiel dafür, dass alte Dinge nicht immer schlechter sind, ist mein Rasierapparat. Den habe ich von meinem Opa geerbt. Er ist 1988 gestorben. Der Rasierer war damals schon zig Jahre alt. Irgendwann war mal das Scherblatt kaputt. Ich dachte mir, da kaufe ich lieber gleich einen neuen, besseren Rasierer, mit Doppelscherblatt oder gar einem dreifachen. Passt sich viel besser an, ist toller, muss man haben.

Fazit der Geschichte: Ich bin der Werbeindustrie aufgesessen, die so tut, als würden immer neuere Rasierer immer besser rasieren. Da kann der Alte ja nichts mehr taugen.

Tja, beim Neuen war nach zwei Jahren der Akku kaputt. Seitdem benutze ich wieder den 35 Jahre alten Rasierer meines Opas. Er rasiert wunderbar. Ich bin vollkommen zufrieden. Meine Erkenntnis: 1. Die

Mein Rasierapparat, von Opa geerbt: Nach einem unerfreulichen Umweg über einen neuen Rasierer benutze ich es heute noch, das 35 Jahre alte Teil.

Werbung hat mich manipuliert. 2. Es gibt sie noch, die guten Dinge.
3. Die Produzenten könnten, wenn sie wollten.

Wir müssen ihnen durch Standards dabei helfen.

Es geht weiter!

7. Januar 2019. Im »Deutschlandfunk« heißt es, die EU wolle den Lebenszyklus von Elektrogeräten verlängern.[69] Für Leuchten, Displays und Kühlschränke hat die EU festgelegt: Ersatzteile müssen künftig sieben Jahre lang verfügbar sein, nachdem das letzte Gerät des jeweiligen Modells auf den Markt gekommen ist. Ebenso sollen die Teile in 15 Werktagen lieferbar sein. Und die Hersteller werden verpflichtet, Reparaturanleitungen im Netz frei zur Verfügung zu stellen. Läuft alles nach Plan, dürften die Regelungen ab September 2021 in Kraft treten.

Gewiss, es könnte mehr sein. Viel mehr Geräte könnten betroffen sein, sieben Jahre könnte man auch toppen. Wie bei Miele sollten die Ersatzteile zwanzig Jahre lang verfügbar sein.

Meine Perspektive: Das ist ein wichtiger Schritt in Richtung »Reparieren statt Neukauf«. Es geht also weiter. Es sind solche Nachrichten, die mich aufmuntern. Denn es kam nur dazu, weil sich viele Menschen dafür engagiert haben. Menschen wie Stefan Schridde etwa, der mit seiner Website »Murks – Nein danke!« dafür kämpft, dass die Geräte wieder so hochwertig werden, wie es einmal üblich war.

Veränderungen sind möglich, und sie finden statt. Von nichts kommt nichts. Engagement lohnt sich.

Der Schrank

Wir haben einen Schrank geerbt. Er ist bestimmt schon über hundert Jahre alt, hat zahlreiche Umzüge mitgemacht und wurde entsprechend oft ab- und wieder aufgebaut. Es war überraschend, wie einfach und schnell sich das Möbel aufstellen ließ. Eine Sache von Minuten!

Dieser Schrank ist quasi unkaputtbar. Qualität hat ihren Preis, aber sie zahlt sich aus. Dieses uralte Stecksystem, das sollte der Standard sein für unsere Schränke. Garantie: lebenslang!

Harald Welzer erzählt in manchen Vorträgen, wie sich ein Ehepaar bei Ikea einen Kleiderschrank ansieht. Sie lassen sich viel Zeit, prüfen die Türen und Schubladen. Anschließend sagen sie: »Den nehmen wir. Davon werden auch unsere Kinder noch etwas haben.« Die Geschichte, sagt Welzer, sei ein garantierter Lacher.

Wir leben im Zeitalter der Wegwerfmöbel. Über Jahrzehnte haben wir gelernt, dass Möbel nur ein bis zwei Umzüge überstehen. Und das auch nur, wenn man sie wie ein rohes Ei behandelt.

Die Gründe für die Wegwerfmöbelwirtschaft liegen auf der Hand. Die Möbelbauer können mehr verkaufen, wenn die Möbel nicht mehr so lange halten. Die Kunden werden durch clevere Werbung dazu verleitet, ihre Schränke vorzeitig in den Sperrmüll zu geben. Qualität bekommen sie in den konventionellen Geschäften nicht mehr geboten.

Gewiss, ich kann einen Tischler beauftragen, einen solchen Schrank zu schreinern. Mit weniger Schnörkeln, vielleicht aus einem anderen Holz. Doch es wäre auch für Ikea kein Problem, haltbare Kleiderschränke herzustellen. In Serie. Teurer zwar als ein Wegwerfschrank, aber viel günstiger als das Einzelstück.

Geht nicht? Geht doch! Die Industrie ist ein Meister darin, Dinge zu normieren und zu standardisieren. Damit alles gut passt und verlässlich ist. Ein Standard könnte lauten: Ein Schrank muss ohne Schrauben und Nägel aufzubauen sein.

Sinnvoll wäre auch dieser Standard: Ein Schrank muss mindestens 100-mal schadlos auf- und abzubauen sein. Möglich wäre das über die Ökodesign-Richtlinie. Das ist ein Regelmechanismus der Europäischen Union.

Wegwerfmöbel sind nicht das, was sich die Menschen einmal gewünscht haben. Heute ist es so. Das muss aber nicht so bleiben.

Bedrückende Freiheit

Was mich in Leipzig gleich bei der Ankunft beeindruckt hat, war die Bahnhofshalle. Ich erinnere mich noch gut an die gewaltige Baustelle in den 1990er-Jahren. In der riesigen Baugrube sahen die Bagger richtig klein aus.

Jahre später besuche ich Leipzig wieder. Es ist ein Sonntag, und ich schlendere zum ersten Mal durch die damals entstandene Einkaufspassage. Zu meiner Überraschung hat rund die Hälfte aller Geschäfte geschlossen. Viele Inhaber haben offenbar die Erfahrung gemacht, dass sich die Öffnung am Sonntag nicht rechnet, obwohl gerade an diesem Tag Hochbetrieb im Bahnhof herrscht.

Dieses Beispiel zeigt, dass der verkaufsoffene Sonntag in seiner radikal liberalisierten Version nicht tragfähig wäre. Er funktioniert nur, weil die Tage begrenzt sind. Die gesetzliche Vorgabe schafft Exklusivität. Im Sinne der Beschäftigten könnte man den Konsumsonntag auch gleich wieder ganz abschaffen. Niemand würde benachteiligt.

Etabliert hat sich die Kaufanimation nur durch die gegenseitige Konkurrenz der Städte untereinander. Der Druck durch den Onlinehandel erscheint eher als Stützargument. Als es mit den längeren Öffnungszeiten losging, gab es den Onlinehandel noch gar nicht.

Die großen Filialisten mit ihren bundesweiten Ketten wollen den verkaufsoffenen Sonntag. Für sie mag die Rechnung aufgehen, dass Konsumsonntage die Umsätze der Geschäfte steigern, weil es noch einen Tag mehr in der Woche gibt, an dem die Menschen noch etwas mehr Geld für neue Klamotten und andere Dinge ausgeben, die sie nicht wirklich benötigen.

Kleine, lokale Geschäfte geraten durch die erweiterten Öffnungszeiten jedoch an ihre Kapazitätsgrenzen und werden schlimmstenfalls verdrängt. Viele reagieren durch eigene, kürzere Öffnungszeiten. Und so kommt es vor, dass manche Geschäfte bereits um 18:30 Uhr geschlossen haben, andere erst um 19:30 Uhr. Das ist zwar unheimlich liberal im Sinne des Einzelhandels. Für den Kunden ist es eher enttäuschend, wenn er beim angestrebten Laden vor verschlossenen Türen steht.

Einheitliche Öffnungszeiten sind daher effizient und effektiv. Effizient, weil die Regel zu einem optimierten Einsatz von Personal und Betriebskosten führt, und effektiv, da sich flanierende Konsumenten in der Gewissheit wiegen können, dass alle Läden geöffnet sind und die Arbeitszeiten menschenfreundlicher wären.

Zugleich würde etwas mehr öko zur Routine werden. Denn alles, was den Konsumrausch einhegt, nützt den zukünftigen Generationen.

Weihnachtsgeschichte Teil 1

Es ist Weihnachtszeit. Ich unterhalte mich mit Paula über die Vorbereitungen für das Fest.

Ich sage: »Unser Weihnachtsbaum …« Paula unterbricht: »Wie, ihr habt einen Baum?«

Ich: »Ja, wieso? Wegen öko oder was?«

Baum steht … Das ökologisch korrekte Leben kann schon extrem freudlos sein. Zur letzten Weihnacht hat sich jemand gewundert, dass wir zu Hause noch einen Weihnachtsbaum haben. Okay, es geht auch anders. Aber muss ich alles richtig machen?

Paula: »Ja, klar. Ich dachte, du hast bestimmt keinen Tannenbaum. Das ist ja nun mal überhaupt nicht öko.«

»Also, jetzt wird es mir aber zu bunt«, sage ich. »Jetzt darf ich nicht mal einen Weihnachtsbaum haben, weil ich mich für den Umweltschutz engagiere!« Und meine Familie soll gleich mitverzichten, denke ich.

Paula: »Nee, ist schon gut, ich dachte nur …«

Wollte ich alles richtig machen, müsste ich wohl in die Tonne ziehen wie Diogenes. Der griechische Philosoph soll zeitweise, so überliefern es Anekdoten, in einem Fass übernachtet haben, bekleidet nur mit einem Wollmantel. Bei sich trug er nur das Nötigste und etwas Proviant. *Simplify your life* in Reinform.

Zurück zum Baum. Es ist natürlich richtig: Auf der Fläche, auf der die Bäume wachsen, könnte man sinnvollere Dinge tun. Richtig ist auch, die meisten Tannenbäume werden regelmäßig mit Pestiziden gespritzt.

Heute beim Frühstück war Leander zu Gast. Seine Familie hat tatsächlich nur einen großen Tannenzweig, den sie zu Weihnachten vom Baum im Garten abschneiden. Wow! Das beeindruckt mich. Die sind mal richtig öko! Und freudvoll dabei. Finde ich super.

Nur, ich selbst habe darauf keine Lust. Ich möchte nicht alles richtig machen. Und ich möchte nicht auf einen Weihnachtsbaum verzichten.

Ich rate auch dringend davon ab, das Thema »Weihnachtsbäume sind schlecht für die Natur« aufzubringen. Das vergrätzt die Leute. Das potenzielle Ergebnis: »Siehste! Man kann es nie richtig machen. Dann ist es jetzt auch egal.«

Aber was bedeutet es, wenn man das Thema systemisch angeht, also aus Perspektive der Ökoroutine? Gute Frage!

Weihnachtsgeschichte Teil 2

Also, was bedeutet es, wenn man das Thema Weihnachtsbaum systemisch, also aus Perspektive der Ökoroutine, angeht?

Zunächst werden durch steigende Standards in der Landwirtschaft Ackergifte schrittweise nicht mehr zugelassen. Dann gäbe es in 15 Jahren nur noch Ökobäume. Das wäre schon einmal ein Fortschritt.

Aber dann wird es schon schwieriger. Das ist wie beim Fleischkonsum. Wie soll man die Leute dazu bringen, weniger Fleisch zu essen oder kleinere Weihnachtsbäume zu kaufen?

Alle systemischen Lösungen, mit denen sich der Wandel verselbstständigt, ohne Zutun der Konsumenten, sind eher kompliziert und werden vermutlich als drakonisch empfunden. Hier einige Vorschläge. Wer das überspringen will, kann gleich nach Punkt sieben weiterlesen.

1. Standards: Denkbar wäre, dass Bäume nur noch bis zu einer maximalen Größe angeboten werden dürfen. Großbäume sind nur noch für Träger öffentlicher Belange zugelassen.

2. Steuer oder Abgabe: Preise beeinflussen Routinen. Wenn der Weihnachtsbaum teurer wird, kaufen die Leute vielleicht kleinere Bäume. Aber Arme werden schlechtergestellt. Die könnte man durch eine Rückerstattung entlasten. Ob am Ende weniger Bäume verkauft werden oder die Leute einfach mehr bezahlen, kann keine Studie sicher voraussagen.

3. Limits via Handel mit Lizenzen: Zu Weihnachten stehen hierzulande knapp 30 Millionen Tannenbäume in den Wohnstuben. Für das Jahr 2020 könnte der Staat anfänglich 28 Millionen Lizenzen vergeben, welche die Produzenten über eine Börse erwerben müssten. Jahr für Jahr könnte man die Zahl der Lizenzen verringern. Für ein solches System bräuchte es eine eigene Behörde mit Kontrollen und vielem mehr.

4. Werbung unterbinden: fällt aus. Für das nadelnde Bäumchen muss man nicht werben. Die verkaufen sich von ganz allein.

5. Die öffentliche Verwaltung könnte mit gutem Beispiel vorangehen. Und nur noch sehr zurückhaltend schmücken.

6. Auf bestimmten Flächen, die zu kostbar sind für Tannenbäume, könnte man die Anpflanzung nicht zulassen.

7. Aufklärung und Label: Im Moment ist nur den wenigsten bewusst, dass der Weihnachtsbaum nicht öko ist. Das kann man ändern und Alternativen bewerben. Mit der Zeit ändert sich dann schon

etwas die Wahrnehmung. Ein Label »Ökobaum« gäbe es nur für Bäume, die maximal 1,20 Meter hoch sind. Die stellt man dann halt auf ein Tischchen.

Aber ganz ehrlich: Es gibt dringendere Probleme. Weihnachtsbäume sind immerhin eine nachwachsende Ressource. Darüber zu meckern macht nur schlechte Stimmung und ändert nichts, vorläufig zumindest. Wenn wir 100 Prozent bio in der Landwirtschaft erreicht haben und das Klima stabilisiert ist, dann können wir, wenn wir wollen, auch noch das Problem mit den Weihnachtsbäumen anpacken.

Manche nennen das auch Zukunftskunst. Sie steht für die Haltung des kreativen, lustvollen Gestaltens von Zukunft. Sie ist eine Perspek-

Schicke Öko-Christbäume kann man mittlerweile kaufen oder selber machen.

tive, die Zukunftsgestaltung von ihrem kulturellen Ende her denkt. Ausgehend von wünschenswerten Zukünften, entwickelt sie Ideen für gute Politikgestaltung, lebensdienliche Ökonomie und Technik.

Völlig daneben

Es ist Februar. Ich bin für einen Vortrag nach Konstanz gereist. Ich freue mich, denn es sind über 150 Leute gekommen, um etwas über die Ökoroutine zu erfahren. Zum Ende meines Vortrags gibt es lang anhaltenden Applaus. Solche Momente machen mich sehr glücklich.

Die erste Frage kommt von einem Schweizer. Na ja, Frage kann man gar nicht sagen, es war eher ein Statement. Mein seichter Vortrag sei völlig daneben gewesen, sagt er. Und meint damit meinen Satz: »Politisches Engagement ist wichtiger als privater Konsumverzicht.«

Puh, so eine Rückmeldung muss man erst mal wegstecken.

Ich sage es jetzt hier auch noch mal ausdrücklich: Versucht alle, ökologisch vorbildlich zu leben, verzichtet gerne auf Flüge, auf das eigene Auto, auf Fleisch und so weiter. Bitte!

Ich selber versuche auch, mit gutem Beispiel voranzugehen.

Doch dadurch werden die Plastikstrohhalme nicht aus der Welt verschwinden, nur weil du und ich und noch einige andere die Strohhalme in der Gaststätte abbestellen. Zumindest würde es Jahrzehnte dauern. Die Europäische Kommission hat jetzt dafür gesorgt, dass es die Plastikhalme bald nicht mehr geben wird, ganz einfach, für alle. Und das ist womöglich nur der Anfang.

Ich bin fest davon überzeugt, dass das Engagement für eine solche Verordnung wichtiger ist, als beim nächsten Besuch in einem Café auf den Strohhalm zu verzichten. Man kann aber gerne beides tun.

Essen

Beim Einkauf im Supermarkt denkt man nicht daran. Aber das, was wir essen, heizt den Planeten auf. Die Landwirtschaft ist der zweitgrößte Verursacher von Treibhausgasen nach der Energiewirtschaft.

Die Herstellung von Düngemitteln ist extrem aufwendig.[70] Heute entfallen zwei bis drei Prozent des gesamten weltweiten Energieverbrauchs auf die Düngemittelproduktion.[71] Besonders aufwendig ist die Fleischproduktion. Nahezu 70 Prozent der direkten Treibhausgas-

»Wir Verbraucher entscheiden jeden Tag an der Supermarktkasse mit, was auf Dauer gekauft und dadurch produziert und angeboten wird.«

Bundeslandwirtschaftsministerin Julia Klöckner,
SZ, 16. April 2018

Frau Klöckner meint: Sie sind verantwortlich für das Insektensterben und die verseuchten Böden! Sie haben sich dafür entschieden, dass Tiere leiden. Haben wir uns dafür entschieden? Wurden wir gefragt? Haben Sie gesagt: »Die Tierquälerei ist mir egal«? Vermutlich nicht. Politiker haben die katastrophalen Zustände zu verantworten.

emissionen unserer Ernährung sind auf tierische Produkte zurückzuführen.[72]

Es geht auch anders, beispielsweise wenn Rinder auf Weiden artgerecht und in passender Zahl gehalten werden. Das ist mitunter sogar vorteilhaft für Klima und Umwelt – da Weideland Kohlendioxid speichern kann *(vgl. G 159)*.

Doch wie kommen wir da hin? Was wird die Bürgerinnen und Bürger dazu bewegen, deutlich weniger Fleisch zu essen?

Ökomoralische Appelle werden keine Wende in der Landwirtschaft bewirken. Dafür müssen Sie schon mehr tun, als die »richtigen« Produkte zu kaufen. Das ist zwar gut und wünschenswert. Aber was können Sie dafür tun, dass bio zum Standard wird, noch dazu EU-weit?

Darum geht es auch in den folgenden Geschichten über die Ökoroutine im Alltag.

Bio für alle!

In »Ökoroutine« behaupte ich frech: Wir können in 15 bis 20 Jahren auf 100 Prozent Bioanbau in der gesamten europäischen Union umstellen. Und ich sage weiter, dass das eigentlich gar kein Problem wäre.

Ich habe seitdem mit sehr vielen Landwirten gesprochen. Viele davon haben konventionell gearbeitet. Deren Reaktion lautet im Grunde immer: »Also, wenn sich auch die Holländer, die Franzosen und Spanier an die höheren Standards halten müssen, dann habe ich damit kein Problem.«

Warum ist das so einfach? Nun, alle Ackergifte müssen zugelassen werden. Und diese Zulassungen werden beispielsweise im Abstand von fünf bis zehn Jahren verlängert. Das ist bei der Diskussion um Glyphosat deutlich geworden. Hier wurde verlängert, weil der deutsche Landwirtschaftsminister die Umweltministerin hintergangen hat. Hätte sich Herr Schmitt seinerzeit bei der Abstimmung enthalten, so wie es vereinbart war, dürfte Glyphosat heute auf dem Acker nicht mehr eingesetzt werden.

Das heißt mit anderen Worten: Durch Unterlassung, also »Nichtstun«, würde nach und nach die Biolandwirtschaft 100 % auf den Weg gebracht. Darüber hinaus müssten nur noch einige Regelwerke, etwa zum Gülleeintrag oder zur Flächenbindung, angepasst werden. Ich betone: *angepasst*. Denn diese Vorgaben gibt es bereits. Sie sollen uns und unsere Kinder davor schützen, dass Landwirte, die das eigentlich gar nicht wollen, unser Grundwasser für viele Jahrzehnte vergiften. Das ist bisher nicht gelungen. Die Situation spitzt sich Monat für Monat zu.

Politische Mutlosigkeit

Der Europäischen Union ist das deutsche Düngerecht zu lasch. Die EU hatte Deutschlands Vorgehen als nicht ausreichend gerügt. Auch die Überarbeitung der Gülleverordnung sei nicht ausreichend, kritisiert die EU im März 2019. Doch die CDU-Agrarministerin Julia Klöckner zeigt Verständnis für die Bauern. Gewässerschutz sei zwar wichtig, müsse für Landwirte aber auch machbar bleiben.

Und genau hier liegt das Problem: in politischer Mutlosigkeit. Nicht die Bürgerinnen und Bürger, die sich in Scharen von der CDU abwenden würden, sind das Problem. Nein, die Ministerin möchte sich nicht mit der Landwirtschaftslobby anlegen. Genauso scheuen die Ministerkollegen den Konflikt mit der Auto- oder Braunkohleindustrie.

Politik soll eigentlich im Sinne der Bürgerinnen und Bürger gestalten und nicht den Profitinteressen von Konzernen dienen.

Noch mal zurück zum Düngerecht und, darauf aufsetzend, zu einer echten Agrarwende. Die ist nämlich gar nicht so schwer umzusetzen. Man bräuchte nur einen Fahrplan. Damit meine ich, langfristig festgelegte Schritte auf dem Weg zu 100 Prozent bio. Dann wissen die Bauern und Kunden, was auf sie zukommt. Und wir könnten uns jetzt schon über das Ergebnis freuen, das von Anfang an feststünde, wenn die Politik tun würde, was die Wähler wollen. Nämlich bessere Bedingungen im Stall und weniger Gift auf den Feldern.

Da der Ökolandbau kostspieliger ist (oder der konventionelle zu billig), werden die Preise langfristig etwas steigen. Das geschieht jedoch nicht von heute auf morgen, sondern nur ganz allmählich, sodass die Menschen den Preisanstieg für Kartoffeln und Gurken kaum wahrnehmen werden, zumal die Deutschen ohnehin extrem wenig für Lebensmittel ausgeben.

Bei bio 100 Prozent sinken auch die Produktions-, Verarbeitungs- und Vertriebskosten. Das würde im Übrigen das Ende der Zweiklassengesellschaft am Mittagstisch einläuten.

Standards sorgen für Innovationen

Gewiss, wenn die Politik anspruchsvollere Vorgaben festlegt, setzt das Hersteller von Gift und Giftspritzen unter Druck. Doch ist das eigentlich problematisch? Könnte es nicht sogar sein, dass die Hersteller profitieren?

Höhere Standards sind nur schwierig, wenn sie vom Wettbewerber nicht eingehalten werden müssen. Würde beispielsweise die Zulassung von Glyphosat nur in Deutschland nicht verlängert, hätten andere Länder und Unternehmen der EU einen Wettbewerbsvorteil.

Auch wenn wir die Standards Schritt für Schritt bis hin zum biologischen Anbau anheben, können alle beteiligten Landwirte, Unternehmen und Konzerne hervorragende Geschäfte machen. Denn auch mit biologischer Schädlingsbekämpfung lässt sich Geld verdienen. Das sind dann neue »Geschäftsmodelle«.

Schon jetzt zeichnet sich ab, dass neue Maschinen und Robotor dafür sorgen können, den Gifteinsatz deutlich zu verringern. Sie können mit ihren Greifarmen Unkraut zupfen oder stampfen. Noch geschieht das auf Versuchsfeldern. Doch die Kritik der Öffentlichkeit an den herrschenden Zuständen, die Skandale um verseuchtes Grundwasser, Insektensterben und Glyphosat wirken inspirierend auf den Erfindergeist der Produzenten.

Wer hier zuerst am Markt ist, wird die größten Profite erwirtschaften. Ja, für Biolandwirtschaft muss man kein Moralapostel sein. Wenn wir dafür kämpfen, dass Politiker in Deutschland und in der Europäischen Union die Standards anheben, dann wird bio – samt allen Innovationen, die sich darum ranken – zum Wachstumsmarkt.

Die Bürger wollen, doch die Politik traut sich nicht

Ich stelle mir die Bundeslandwirtschaftsministerin im Interview bei den »Tagesthemen« vor. Am Nachmittag hat sie verlautbaren lassen, die Auslauffläche für Schweine um einen halben Quadratmeter zu erhöhen. Dies sei in Abstimmung mit den anderen Ländern der Europäischen Union vereinbart worden. Wenn also ein Schweinelandwirt einen neuen Stall baut, muss er für jedes Tier mehr Platz einplanen.

Kann sich jemand ernsthaft vorstellen, dass eine solche Reform wütende Proteste der Massen auslöst? Werden Tausende nach Berlin fahren und gegen die neuen Standards protestieren? Werden die Umfragewerte der Ministerin absacken? Nichts dergleichen wird geschehen. Denn die Menschen begrüßen solche Reformen. Sie kau-

Es gibt viele gesetzliche Vorgaben für die Schweinehaltung. Man muss da gar nichts Neues erfinden. Es würde völlig genügen, den vorhandenen Standard »0,75 m²/Schwein« anzuheben, in zehn Jahren etwa schrittweise auf 1,3. Ergebnis: Tierwohl für alle Tiere, nicht nur für die »Bios«.

fen zwar das billigste Fleisch, aber eigentlich wollen sie das gar nicht, auch wenn die Freunde der Massenhaltung, das Gegenteil behaupten. Richtig ist, die Bürger kaufen die Dumpingwürstchen, sie entscheiden sich damit aber nicht bewusst für Tierqual. Es gibt zwei Gründe, weshalb so wenig gegen den brutalen Umgang mit Nutztieren getan wird: die Lobbyverbände der Agrarindustrie und die Mutlosigkeit der Politiker.

Wen keine Schuld trifft, ist der Wähler!

Die Agrarmilliarden der Europäischen Union

Unsere Bauern bekommen Geld von der EU. Im Durchschnitt sind es jedes Jahr 300 Euro je Hektar. Was die Landwirte auf diesem Hektar machen, ist egal. Selbst wer nur einmal im Jahr mit dem Traktor über seinen Acker fährt, bekommt Subventionen.

»Wir könnten die Subventionen anders verteilen«, schreibt »Die Zeit« 2018: »15 Prozent der Direktzahlungen könnten umgewidmet und für Umwelt- und Tierschutz ausgegeben werden, aber Deutschland nutzt nur 4,5 Prozent. Würden wir aufstocken, könnten wir über 500 Millionen Euro jährlich gewinnen.«

Tiere essen *(vgl. G 159)*

Beim Fleisch liegen vor allem Männer erheblich über dem, was etwa die Deutsche Gesellschaft für Ernährung (DGE) empfiehlt: 600 Gramm je Woche wären in Ordnung – der männliche Deutsche konsumiert aber 1,1 Kilogramm, in der Hauptsache Wurstwaren. Hielten sie sich an die Empfehlungen der DGE, ließen sich im Jahr 22 Millionen Tonnen Treibhausgase einsparen, kalkuliert der Wissenschaftlerzirkel des Ministeriums. Zum Vergleich: In ganz Deutschland werden derzeit jährlich gut 900 Millionen Tonnen Treibhausgase erzeugt. Bis 2050 sollen die Emissionen um mindestens 80 Prozent gesunken sein.

Wir essen zu viel Fleisch: Halb so viel wie derzeit wäre gesund. Und nur so lässt sich die Klimaerhitzung stoppen.

Zum Thema Fleisch noch eine persönliche Anekdote: Es ist der 5. November 2018, ich bin auf einer Konferenz und werde später einen Vortrag halten. Als ich am Büfett stehe und mir Fleisch auf den Teller packe, schenkt mir ein mir bekannter Teilnehmer den Bestseller von Jonathan S. Foer, »Tiere essen«, verbunden mit der Aufforderung: »Du liest dieses Buch, und ich lese dafür deine ›Ökoroutine‹.« Das habe ich im Nachgang gemacht – und das hat mein Verhältnis zu konventionellem Fleisch nachhaltig verändert.

Veterinäre Begegnung

Auf Anfrage habe ich den Eröffnungsvortrag des Veterinärkongresses in Bad Staffelstein gehalten. Darauf kommt man ja nicht von allein, dass sich der »Bundesverband der beamteten Tierärzte« für das Konzept der Ökoroutine interessiert. Ich war gespannt auf die Reaktionen.

Die Mitarbeiter der Veterinärämter müssen dafür Sorge tragen, dass die vorhandenen Standards für Lebensmittelsicherheit und Tierschutz eingehalten werden. Natürlich werden sie dabei auch mit Missständen konfrontiert. Sie sehen auch die wirtschaftlichen Zwänge, denen die Landwirte unterliegen. Und die können manchmal ganz schön wütend werden, wenn Kontrolleure Nachbesserungen einfordern und Auflagen machen. Ein Tierarzt sagte mir, es sei ganz gut, dass sein Weg zum Einsatzort rund eine Stunde Fahrzeit entfernt liege. Manchem Landwirt wolle er lieber nicht regelmäßig begegnen.

Tatsächlich ist offenbar ein großer Teil der rund 700 Teilnehmer an besseren Standards interessiert. Wenn die Standards steigen, also Schweine zum Beispiel mehr Auslauf bekommen und Beschäftigung haben, dann werden den Veterinären weniger Leid und Elend begegnen. Dann ist der Job auch schon viel angenehmer.

Ein Teilnehmer war sehr erfreut über meinen Vorschlag für Tiertransporte. Demnach soll die gesetzlich festgelegte maximale Transportdauer von 29 auf 16 Stunden und später auf acht Stunden verkürzt werden. Anders gesagt, bedeutet das, dass lebende Tiere bis dato kreuz und quer durch Europa gekarrt werden (können). Ökonomisch mag es sinnvoll erscheinen, Tiere für die Schlachtung nach Rumänien zu transportieren, um sie in Niedersachsen weiterzuverarbeiten. Ethisch ist das ein Desaster.

Auf dem Kongress ist mir auch die Autorin der Studie begegnet, über die sogar »Report Mainz« berichtet hat. Demnach werden jährlich rund 60 Millionen Schweine in Deutschland geschlachtet. Doch 13,6 Millionen Tiere überleben die Mast erst gar nicht bzw. müssen vorher notgetötet werden. Das sind rund ein Fünftel aller Schweine, die in Deutschland geboren werden. Bessere Standards und ordentliche Kontrollen können auch diese Situation verbessern.

Bio schafft Arbeitsplätze

3. März 2018. Was mir immer wieder durch den Kopf geht: Ökogemüse ist teurer, weil der Arbeitsaufwand höher ist, etwa weil Landwirte Unkräuter mechanisch statt mit der Chemiekeule bekämpfen. Das ist doch eigentlich gut, wenn dadurch Arbeitsplätze entstehen, oder?

Denn um Jobs geht es doch andauernd und überall: Gewerkschafter fürchten das Elektroauto, weil die Produktion wesentlich weniger Personal erfordert. Mit diesem Argument haben Konzerne seit Jahrzehnten erneuerbare Energien ausgebremst. In der Realität war das Gegenteil der Fall. Rund 90.000 Arbeitsplätze könnten beispielsweise in Frankreich entstehen, stiege die Zahl der Biobauern dort auf neun Prozent. Zurzeit werden nur vier Prozent der landwirtschaftlichen Fläche Frankreichs ökologisch bewirtschaftet.[73]

Wir wissen nicht genau, wie viele Jobs im Zuge der Agrarwende entstehen werden. Möglich wären einige Hunderttausend – ein Traum für Politiker. Lediglich die Hersteller von Dünger und Mitteln zur Schädlingsbekämpfung wären vermutlich weniger begeistert.

Ginge es wirklich nur um Arbeitsplätze und nicht um die Interessen von Konzernen, müssten sich auch Politiker mit aller Kraft für die Agrarwende einsetzen. Doch die nehmen hin, dass kleine Betriebe schließen zugunsten industrieller Agrarfabriken.

Warum nur? Ach ja, der Kunde will es möglichst billig! Stimmt zwar nicht, kann man aber trotzdem frech behaupten.

Frischer Fisch sichert Arbeitsplätze

In Kiel ist es gar nicht mehr so leicht, frischen Fisch zu bekommen. Früher war das Fischbrötchen aus regionaler Produktion eine Selbstverständlichkeit. Überhaupt sicherte der Fischfang vielen Menschen ein Auskommen. Kiel war einmal ein Zentrum des Fischfangs und -handels. Die alten Zeiten werden wohl nicht zurückkommen. Doch können die Wirtschaftsförderer zumindest etwas gegensteuern und den regionalen Vertrieb stärken.

Direktvermarktung ist profitabel: Verkaufen die verbliebenen Kieler Fischer ihren Fang an den Großhandel in Holland, können sie mit einem Preis von durchschnittlich 1,50 Euro rechnen. Beim Direktverkauf bekommen sie fünf Euro das Kilo. Damit das klappt, haben die Kieler ein Portal namens »Fisch vom Kutter« aufgebaut. Über die 2009 ins Leben gerufene Homepage können Interessierte sehen, wann und wo beteiligte Fischer in den Hafen einlaufen. Die Wirt-

Kurze Wege, weniger Verkehr, mehr Gewinn. Besser geht's doch gar nicht. Das Konzept »Fisch vom Kutter« zeigt, wie profitabel die Direktvermarktung ist.

schaftsförderer in unseren Städten sollten solche Initiativen zur Stärkung der regionalen Wirtschaft nicht nur wohlwollend zur Kenntnis nehmen, sondern auch aktiv unterstützen, wenn nicht gar aufbauen. Das ist die Idee der »Wirtschaftsförderung 4.0«.[74]

Ist bio zu teuer? Teil I *(vgl. G 159)*

Da der Ökolandbau kostspieliger ist, werden die Preise langfristig etwas steigen. Natürlich muss so ein Preisanstieg sozialverträglich sein, er wird also nicht von heute auf morgen kommen, sondern allmählich umgesetzt werden (müssen).

In 25 Jahren gibt der Durchschnittsdeutsche dann vielleicht 14 Prozent statt wie bisher nur 11 Prozent seines Einkommens für Nahrungsmittel aus. Weil sich damit der Warenkorb für die Bemessung von Arbeitslosengeld und Sozialhilfe verändert, werden dementsprechend die staatlichen Sozialleistungen angehoben. Das sieht das Gesetz schon jetzt so vor. Im Ergebnis würde gutes, sorgfältig produziertes Essen eine ähnlich hohe Wertschätzung erfahren wie bei den Franzosen oder in Italien. Das liegt immer noch weit unter den Verhältnissen im östlichen Teil der EU. Dort müssen die Bürgerinnen und Bürger meist ein Fünftel ihrer Einkünfte für Essen einplanen, in Litauen sogar ein Viertel.[75]

Ist Bio zu teuer? Teil II

Würde bio zum Standard, ließen sich an vielen Stellen Kosten einsparen. Biohändler werden ihre Produkte deutlich günstiger anbieten können als heute, denn eine flächendeckende ökologische Erzeugung ist kosteneffektiver als die bisherige Nischenproduktion. Die beträchtlichen Kosten für die Zertifizierung von Biowaren entfallen, während die Kontrollen bleiben.

Besondere Förderprogramme für die Umstellung eines konventionellen Hofs auf Biostandard erübrigen sich. Die schrittweise Umstellung stellt keine Benachteiligung dar, die durch Fördergelder ausgeglichen werden müsste, da sich schließlich auch die Konkurrenten an die höheren Standards zu halten haben.

Auch der Vertrieb wird günstiger und effektiver. Eine Rückkehr zum ländlichen Idyll und zum Kleinbetrieb wird gleichwohl nicht die Folge sein, wenn der Agrarwendefahrplan umgesetzt wird. Klein ist nicht unbedingt die Voraussetzung für öko. Manch fortschrittliche Technik, die dem Biolandbau dient, kann sich nur ein größerer Betrieb leisten.

Wettbewerb und Gewinnstreben wird und kann es weiterhin geben, nur die Wirkrichtung hat sich geändert. Auch Subventionen werden noch erforderlich sein, um beispielsweise die Weidewirtschaft in den Alpenregionen aufrechtzuerhalten. Wie einfach die große Transformation in der Landwirtschaft war, würde in einigen Jahren niemand mehr verwundern. Es wird eine Selbstverständlichkeit sein – und ein Vorzeigeprojekt ähnlich der deutschen Energiewende.

Ausbaufähig
Bioanteil in der Tierproduktion

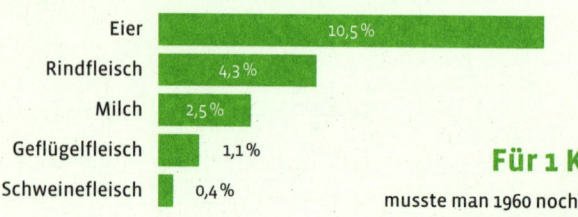

Eier	10,5 %
Rindfleisch	4,3 %
Milch	2,5 %
Geflügelfleisch	1,1 %
Schweinefleisch	0,4 %

Für 1 Kilo Fleisch

musste man 1960 noch 2,4 Std. arbeiten,
heute sind es nur noch 26 Minuten.
Und das, obwohl die Preise bei Rindfleisch
um das 3,4-Fache gestiegen sind.

Wie geht's dem Huhn?

So viele Hühner werden gehalten in

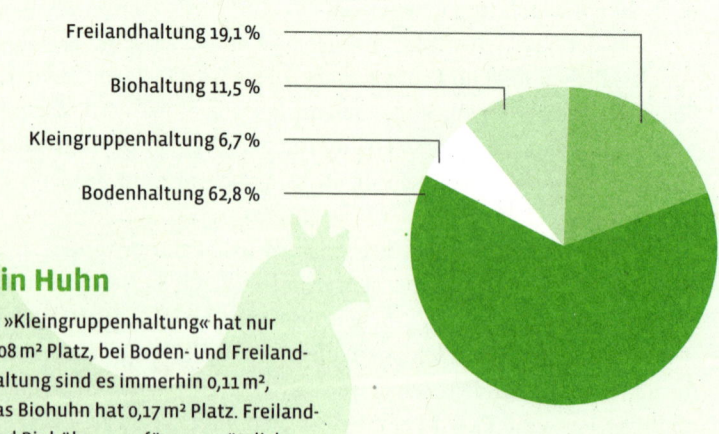

Freilandhaltung 19,1 %

Biohaltung 11,5 %

Kleingruppenhaltung 6,7 %

Bodenhaltung 62,8 %

Ein Huhn

in »Kleingruppenhaltung« hat nur
0,08 m² Platz, bei Boden- und Freilandhaltung sind es immerhin 0,11 m²,
das Biohuhn hat 0,17 m² Platz. Freiland-
und Biohühner verfügen zusätzlich
über 4 m² Auslauffläche.

Deutschland grillt

Über 1.100 Millionen Euro
investieren Grillfans in ihren Grill;
für Biofleisch haben die Verbraucher
nur 244 Millionen (2014) übrig.

Mehrkosten für Tierschutz

Der Wissenschaftliche Beirat für Agrarpolitik
meint, Hühnerfleisch würde infolge erhöhter
Tierschutzauflagen etwa 15 Prozent teurer.
Es wäre dann immer noch viel günstiger als
vor 20 Jahren. Milch käme uns um 3, Rindfleisch
um 22 Prozent teurer.

Wie unsere Ernährung die Ökobilanz beeinflusst

Jährliche Emissionen
(in CO_2-Äquivalenten)

Veganer	75 kg
Vegetarier	289 kg
Allesesser	566 kg

Flächenverbrauch

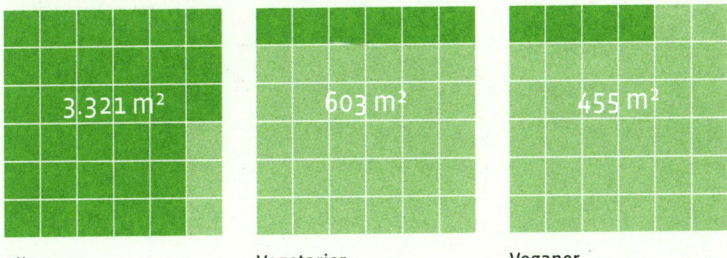

Allesesser 3.321 m² Vegetarier 603 m² Veganer 455 m²

Über die nächsten 20 Jahre könnten wir zu 100 Prozent auf Biofleisch umstellen. Das wäre das Ende der Zweiklassengesellschaft am Mittagstisch. Der Wissenschaftliche Beirat für Agrarpolitik beim Bundesministerium für Ernährung und Landwirtschaft schätzt auf Basis von Simulationsrechnungen, dass die derzeitigen Produktionskosten um 13 bis 23 Prozent steigen würden;[76] durch Mengeneffekte und mehr Effizienz lägen die Preissteigerungen bei manchen Produkten auch darunter, etwa bei Milch.

Auf dem 800-Euro-Grill die Billigwurst *(vgl. G 159)*

In »Ökoroutine« gibt es ein Kapitel »Warum wir nicht tun, was wir für richtig halten«. Ein Grund ist: Wir sind exzellente Verdrängungskünstler und leben die Schizophrenie (siehe Seite 29).

Ein Grill darf gerne auch mal 800 Euro kosten. Darauf liegen dann die Billigwürstchen für 99 Cent. Der Umsatz von Biofleisch lag im Jahr 2014 bei 244 Millionen, der für Grillgeräte bei 1,1 Milliarden.

Beispiele gibt es genug. Man muss sich nur die sündhaft teuren Grillgeräte angucken, die offenbar stark nachgefragt werden. Viele Menschen verdienen einfach richtig viel Geld. Wer 800 Euro für einen Grill ausgeben kann, kann problemlos mit etwas höheren Preisen für gutes Fleisch leben.

Transportexzess wird Routine

26. April 2018. Einkauf bei Edeka. Kartoffeln stehen auch auf der Liste. Biokartoffeln sind nicht verfügbar. Nun, dann kaufe ich halt andere. Auf der Verpackung steht: »Neue Ernte«. Das macht mich misstrauisch. Es ist April. Ich gucke auf die Rückseite und bestätige meine Befürchtung: Ursprungsland ist Ägypten. Alle Sorten, also festkochend bis mehlig, kommen aus Afrika.

Vor einigen Jahren war das noch etwas Besonderes: neue Kartoffeln schon im April. Die lagen in einem Extrakasten, das Standardangebot mit verschiedenen Sorten stammte noch aus dem letzten Jahr. Das war offenbar bis vor einigen Jahren auch ganz o. k. so. Die Menschen waren zufrieden damit. Jetzt sind Kartoffeln aus Ägypten Standard, und zwar im Frühjahr.

Ich stelle mir ein Gespräch mit der Geschäftsführung vor: »Der Kunde wünscht das.«

Ich frage: »Ja, aber verleiten Sie den Kunden nicht dazu? Neue Kartoffeln aus der Region gibt es nicht, so hat der Kunde doch gar keine Wahl!«

»Tja«, sagt der Geschäftsführer, »eine Supermarktkette macht den Anfang, und dann müssen die anderen mitziehen.«

Da ist es wieder, das Wettbewerbsdilemma. In diesem Fall ist es ein »race to the bottom«. Einer macht den Anfang, um der Konkurrenz Kunden abzujagen, und einige Jahre später sind Afrikaknollen der Frühjahrsstandard. Wem Umweltverschmutzung und Klimaschutz gleichgültig sind, der kann sich über die »Verbesserung« freuen. Denn natürlich schmecken die neuen etwas besser als die alten. Doch nur wenigen Menschen ist der Planet gleichgültig. Zumeist lautet die Einschätzung: »Kartoffeln aus Ägypten? Das muss doch nun wirklich nicht sein!«

Im Angebot

Frühkartoffel festkochend
Annabelle
1 kg.

1.⁶⁶

Ursprungsland: Ägypten

PLU: 3207

Mittlerweile sind Kartoffeln aus Ägypten immer häufiger anzutreffen –
ihr »ökologischer Rucksack« ist jedoch immens.

Handelt es sich bei solchen Fehlentwicklungen einfach um ein logisches Ergebnis von Wettbewerb und Marktwirtschaft? Festhalten kann man, dass Marktwirtschaft nur funktioniert, wenn sie politisch reguliert wird. Unternehmen kümmern sich erst um den Klimaschutz, wenn sie davon profitieren. Sie unterlassen interkontinentale Transporte, wenn sie sich nicht rechnen. Wie kommen wir dahin?

Zunächst denkt man: Der Transport ist zu billig. Das ist richtig. Wenn Diesel und Maut deutlich teurer werden, wird sich mancher Ferntransport nicht mehr lohnen. Die Preise über eine Ökosteuer anzuheben ist politisch heikel. Es wäre aber sinnvoll und in maßvollen Schritten auch machbar.

Was häufig übersehen wird: Straßenausbau, Elbvertiefung, Gigaliner, Hafenerweiterung und zusätzliche Startbahnen für Flugzeuge haben den Transportexzess erst möglich gemacht. Was müsste man tun, um die weitere Expansion des Güterverkehrs zu begrenzen? Nichts! Werden Autobahnen, Häfen und Startbahnen nicht ausgebaut, begrenzt sich die Menge der Warentransporte von ganz allein.

Das ist nicht genug? Es wird jetzt schon viel zu viel transportiert? Stimmt! Doch richtig ist auch, dass selbst die Vermeidung der Expansion utopisch erscheint. Selbst die einfachste Option, nämlich nichts zu tun, nicht in weitere Straßen zu investieren, ist in der großen Politik kein Thema. Nur wenige haben verstanden: Manchmal ist es besser, etwas zu lassen, als es besser zu machen.

Gelbe Tomaten

9. September 2018. Wir sind seit Kurzem Mitglied bei einer Solidarischen Landwirtschaft. Regelmäßig informiert der Hof per Mail seine 180 Teilhaber. Jetzt kam ein Aufruf zur Selbsternte. Gemüse, das sehr aufwendig zu ernten ist, darf man selbst pflücken.

Unser Anteil an der Ernte kann unterschiedlich ausfallen, je nach Wetterlage oder Schädlingsbefall. Diesmal ist es bei den gelben Cocktailtomaten besonders gut gelaufen. Um den Überfluss zu bändigen, wurde oben genannte Mail verschickt.

Johanna hat mit ihrer Mama gepflückt. Eva hat daraus Tomatensoße gemacht. Die Soße ist naturgemäß gelb und schmeckt natürlich superlecker. Wir hoffen, dass der Vorrat für den ganzen Winter reicht.

Im Umland der Städte gibt es viele Landwirte. Sie könnten in die genossenschaftlich organisierte Direktvermarktung einsteigen. Das Potenzial für die lokale Produktion von Lebensmitteln ist riesig. Wir müssen es nur heben. Es ist ein Geschäftsmodell, von dem auch die Landwirtin profitiert. Sie weiß am Anfang des Jahres bereits, mit welchem finanziellen Ergebnis das Jahr endet. Die Mitglieder tragen solidarisch das Risiko, im Guten wie im Schlechten. Sie genießen das gute Gefühl, sich von fair erzeugten Lebensmitteln aus ihrer Region zu ernähren.

Lassen sich Landwirte zur Umstellung ihres Geschäftsmodells bewegen? Ich glaube schon, denn die Vorteile liegen auf der Hand. Nur, es ist am Anfang ziemlich umständlich. Und es hilft, wenn man Freude am sozialen Kontakt hat. Wie funktioniert das mit der Genossenschaft? Und woher sollen die Teilhaber kommen? Dabei möchte die sogenannte Wirtschaftsförderung 4.0 helfen.

Dabei handelt es sich um eine neuartige Form der Wirtschaftsförderung, die nicht nur die etablierte Wirtschaft betrachtet. Regio-
nale Geschäftsbeziehungen werden gestärkt, die Wirtschaft vor Ort
ist dann nicht mehr so abhängig vom Weltmarktgeschehen. Eine Strategie soll es sein, Landwirte aus der Region zur Umstellung ihres Geschäftsmodells zu ermuntern. Dazu fördert das Bundesforschungsmi-
nisterium gerade ein Projekt des Wuppertal Instituts. Viele Menschen
sind begeistert von dem Ansatz. Wir hoffen darauf, dass es irgendwann ein Bundesförderprogramm gibt, um Städte in der Startphase
zu unterstützen.

―――――――――

Anschauung und Konfrontation macht Schule

Ich habe ja mittlerweile die Hoffnung aufgegeben, dass junge Menschen in Schulen zu Umweltschützern ausgebildet werden. Durch
Ausflüge sollen Kinder vermehrt die Natur direkt vor ihrer Haustür
erleben und lernen, diese wertzuschätzen. Das hat alles nicht funktioniert. Im Gegenteil, sie werden eher zur Schizophrenie erzogen.

Dennoch ist die schulische Bildung unabdinglich für eine gelin-
gende Klimaschutzpolitik.[77] Was ich dabei sehr begrüße, sind Ausflüge in die Praxis. Denn grau ist alle Theorie. Nicht nur Schüler haben es daher gern anschaulich.

Wie wäre es mit einer Tagesexkursion in den nächstgelegenen
Schweinestall? Industrielle Massentierhaltung live erleben, anschließend in die Großschlachterei bzw. als Ersatz Wissensvermittlung
durch Videos, sollten die Schlachter blocken (es soll ja keiner wissen,
was da passiert). Das ginge vermutlich schneller, und man könnte die
eingesparte Zeit mit einem Besuch beim Biohof nutzen oder bei einer
Solidarischen Landwirtschaft. In Koch-AGs am Nachmittag ließe
sich vermitteln, wie einfach gutes Essen zubereitet werden kann –
ohne Fertigprodukte und damit verbundene Chemiecocktails.

Ohnmachtserklärungen der Politik *(vgl. G 158)*

Seit 2016 stellen die Bundeslandwirtschaftsminister den Ernährungs-report in Berlin vor. Laut Umfrage seien mehr als 90 Prozent der Deutschen bereit, für artgerechte Tierhaltung auch mehr zu bezahlen. Über die Hälfte der Befragten würde bis zu 15 Euro für ein Kilo Fleisch hinlegen, 23 Prozent sogar bis zu 20 Euro. Zum Vergleich: Ein Kilo Biorindergulasch von Aldi kostet aktuell 11,48 Euro.[78]

Doch die Menschen tun nicht, was sie sagen. In der Realität greifen nur wenige Prozent zur ethisch vertretbaren Ware. Die Forderung des Ministers: Man sollte ein Schulfach »Ernährung« einführen. Das darf man getrost als Ohnmachtserklärung interpretieren.

Was sollen die Schulen denn noch alles richten? Da hat jeder Verband seine eigenen Vorstellungen. Digitalisierung ist immer dabei, aber auch der Umgang mit Finanzprodukten soll unterrichtet werden, und sogar Glück wird als Schulfach gefordert. Parallel beklagen sich Unternehmen und Universitäten über die schlecht ausgebildeten Abiturienten. Die Kenntnisse in den Grundfächern seien nicht ausreichend vorhanden. Mehr Tiefgang und mehr Breite soll's also sein – beides zugleich wird kaum möglich sein.

Ebenso schwach wirkt die Forderung mancher Kommentatoren nach einer besseren Kennzeichnung der Produkte. Die Konsumenten entscheiden sich nicht deshalb für das billige Fleisch, weil sie so wenig über bio und artgerechte Tierhaltung wissen. Es wird wohl kaum jemanden geben, an dem die martialischen Bilder aus Industrieställen und die Berichte über das Leid in der Schlachtung vorbeigegangen sind. Doch wir verdrängen die Tatsachen, und so ist Billigfleisch Routine, oft auch bei Topverdienern. Auf dem 800-Euro-Grill liegen Dumpingbratwürste. Das wird schon okay sein, sonst würde der Staat es nicht zulassen.

Die Wahrheit ist eher, dass die Landwirtschaftspolitiker nicht den Mut haben, sich dem Bauernverband und der Agrarindustrie entgegenzustemmen. Was hätten sie denn zu befürchten, wenn sie die Standards etwa für Schweinehaltung schrittweise anhöben und dafür auf EU-Ebene würben? Es wird doch keiner glauben, dass in Berlin Abertausende auf die Straße gehen und für billiges Fleisch demonstrieren.

Die Realität ist, dass sich Standards etwa in der Hühnerhaltung deutlich verbessert haben. Die Auslauffläche ist inzwischen doppelt so groß. Bei den Konsumenten blieb das meistens unbemerkt. Das Produkt an der Ladentheke hat sich gewandelt, nicht die Mentalität der Kunden. Mit anderen Worten: Die Verhältnisse haben sich verändert, nicht das Verhalten. So würde öko zur Routine. Gefragt sind mutige Politiker und Menschen, die bessere Standards für alle einfordern statt lediglich mehr Bildung oder bessere Informationen.

Wenn Kontrolleure mundtot gemacht werden

Das Konzept der Ökoroutine wirbt für steigende Standards, aber was helfen die, wenn die Kontrolleure mundtot gemacht werden? »Die Zeit «veröffentlichte in ihrer Ausgabe vom 7. Juni 2018 einen Skandal. Amtstierärzte werden angefeindet und bedroht, wenn sie auf Missstände hinweisen und gesetzlichen Tierschutz einfordern. Viele Veterinäre sind frustriert. Wenn sie nicht beide Augen zudrücken, gibt es oft Ärger mit dem Chef. Über Versetzungen, Urlaubssperre und andere Schikanen wird berichtet. Es ist skandalös, wie hier Verwaltungschefs und Politiker mit der Fleischindustrie paktieren.

Es ist wichtig, dass die Menschen weiter Druck machen, damit Politiker und Agrarindustrie endlich verstehen, dass es so nicht weitergehen kann. Und es ist gut, wenn engagierte Bürger durch Videoaufnahmen die Missstände dokumentieren. Das nennt man Widerstand.

Arsch hoch! Kauf bei Aldi bio!

Ja, ist schon klar: Der Weg zum Bioladen ist weit, da kaufen nur Freaks ein, und es ist dort viel zu teuer. Aber: Bei Aldi gibt es auch bio, sogar Fleisch! Und das ist gar nicht so viel teurer. Zuletzt waren es pro Kilo nur 3 Euro – das sprengt nicht den Rahmen. Im Vergleich zum Biofleisch vom Supermarkt (wo das Fleisch noch höhere Bioqualität hat) ist das ein richtiges Schnäppchen. Also, zugreifen! Denn das merken die Einkäufer von Aldi und erweitern in der Folge das Angebot.

Wenn du das nicht schaffst, dann heißt das im Klartext: Das Leid der Tiere ist dir wurscht!

Kann bio die Welt ernähren?

Ist es möglich, die Landwirtschaft der Europäischen Union komplett auf bio umzustellen? Das zumindest behauptet die »Ökoroutine«. Anfangs war ich selbst verunsichert, ob das möglich ist. Noch gut in Erinnerung ist mir dieser Spruch: »Ökolandbau heißt: halbierter Ertrag, doppelte Kosten.« Das ist eine clevere Formulierung, die sich jeder auf Anhieb merkt. Zudem erscheint es plausibel.

Es gibt aber auch andere Aussagen: In einer Sendung des deutschfranzösischen Senders Arte war sogar davon die Rede, dass selbst zehn Milliarden Menschen mit Biolandbau ernährt werden können.

Das liegt jetzt einige Jahre zurück. Seitdem habe ich immer wieder zu dem Thema recherchiert und auch Studierende motiviert, sich mit der Frage zu befassen »Kann bio die Welt ernähren?«. Das Resultat ist immer wieder gleich. Ja! Und nicht nur das: Die gegenwärtige Entwicklung deutet darauf hin, dass gerade die industrielle Landwirtschaft nicht zu leisten vermag, was man von ihr erwartet.

Was man in Deutschland nicht verstehen will, hat die Welternährungsorganisation FAO schon längst begriffen. Auf Basis der nüchternen Fakten kommt sie in ihrem Jahresbericht zu dem Schluss, dass die Landwirtschaft schnell nachhaltiger werden muss. Die industrielle Landwirtschaft kann aus Sicht der FAO keine langfristigen Lösungen bieten. Besonders der Klimaschutz gebiete ein rasches Umdenken. Dafür brauche es kleine Betriebe, welche die vorhandenen Ressourcen umwelt- und klimafreundlich nutzen.

»100 Prozent bio für alle EU-Bürger« ist also keine Utopie, sondern die einzig realistische Strategie. Sie wird sich jedoch nur gegen die Interessen der Agrarindustrie ins Werk setzen lassen. Die Bürgerinnen und Bürger sind dafür. Das zeigen viele Befragungen. Um ihre Wiederwahl müssten sich die Politiker also keine Sorgen machen, wenn sie die Standards schrittweise anheben.[79]

Wohnen, Wärme, Strom

Frau und Herr Frost entscheiden sich beim Kauf eines neuen Kühl-schranks für die höchste Effizienzklasse. Das Kühlgerät ist auch kaum größer als das alte. Bescheidenheit geht vor. Doch dann macht der Verkäufer die Kunden auf eine komfortable technische Neuerung auf-merksam. In »BioFresh«-Kühlschränken, die mit einzeln kühlbaren Fächern ausgestattet sind, behalten Obst und Gemüse, Fleisch und Fisch laut Hersteller ihre gesunden Vitamine, ihr delikates Aroma und ihr appetitliches Aussehen viel länger als üblich. Die Argumente überzeugen die Frosts. Alsbald steht das vermeintliche Ökogerät in ihrer Küche. Doch die Stromrechnung wird nicht sinken, denn die neue Frischetechnologie braucht deutlich mehr Strom. Schließlich werden statt sechs oder acht Grad Kühlung nun bis zu null Grad vor-gehalten. Gut möglich, dass das Neugerät trotz höchster Effizienz-klasse ähnliche Verbrauchswerte aufweist wie das ausrangierte Mo-dell – dank der zusätzlichen Biofrostfachfunktion (vgl. G 186).

Ökodesign als Standard

Über die Europäische Union wird viel geschimpft. Die Bürokraten in Brüssel würden uns das Leben schwer machen. Leider sprechen auch viele Spitzenpolitiker so und verunglimpfen die Union. Völlig zu Un-recht. Beispielsweise finden die Vorgaben der Union für die Mobil-netzbetreiber großen Zuspruch. Heute können die Bürgerinnen und Bürger in der gesamten Union zum selben Preis mobil telefonieren wie daheim. Vor einigen Jahren hat das noch Unsummen gekostet.

Ein gutes Beispiel für die Erlösung der Konsumenten durch europäische Vorgaben liefert die Ökodesign-Richtlinie. Sie ist von unschätzbarem Wert für die Verbreitung von effizienten Technologien und entspricht der Logik der Ökoroutine. Sie hat beispielsweise dafür gesorgt, dass Herr und Frau Frost nur noch Geräte kaufen können, die zumindest mit A+ gekennzeichnet sind. Das war ein wichtiger Schritt. Doch für die Konsumentenerlösung braucht es mehr. Denn das Label A+ betrachtet den Energieverbrauch nur relativ. Notwendig wäre hingegen, dass es den tatsächlichen Strombedarf bewertet. So würde ein Kühlschrank in Kleiderschrankformat wesentlich schlechter abschneiden als die auskömmliche Variante.

Die Umsetzung der Richtlinie für Ökodesign verlief weitgehend unbemerkt und machte sparsamere Produkte zur Routine. Inzwischen gibt sie über 50 Standards vor, etwa für die Stand-by-Verluste. So hat man endlich beendet, was den Effizienzpolitikern schon lange unter den Nägeln brannte. Denn Fernseher, Hifi-Anlagen, Radiowecker und dergleichen hatten nicht selten Leerlaufverluste von 40 Watt und mehr. Jahrelang hat man an die Kunden appelliert, beim Kauf auf diese Form der versteckten Verschwendung zu achten. Doch im Geschäft kalkulierten nur wenige die Kosten über eine Nutzungsdauer von zehn Jahren. Wichtiger waren beim Fernseher die Größe und Auflösung des Bildes. Nun müssen sich die Bürgerinnen und Bürger darum nicht mehr kümmern. Egal, für welches Gerät sie sich entscheiden, es zieht maximal ein halbes Watt. Das ist fast nichts.

In der gleichen Form geht der Gesetzgeber für Dutzende Produkte vor und nimmt die Produzenten in die Pflicht, anstatt sich in wirkungslosen Beschwörungsformeln über strategischen Konsum zu ergehen. Die viel gerühmte Faktor-4-Pumpe für die Zirkulation des Heizungswassers spart im Jahr locker 600 Kilowattstunden und wurde dennoch nur von ambitionierten Handwerkern empfohlen. Nun ist die Spitzentechnologie Standard, und weder Handwerker noch Bauherren müssen sich darüber den Kopf zerbrechen. Inzwischen wird dabei sogar die Haltbarkeit bedacht, wie etwa beim Staubsauger. So können wir höchste Energie- und Ressourceneffizienz schrittweise zum Standard für alle machen und öko zur Routine. Ähnlich geht die Europäische Union auch bei den Energiestandards für Neubauten vor.

Verbotspartei?

»Lieber Michael, jetzt musste ich mir schon wieder anhören: ›Ihr von den Grünen! Das ist doch eine Verbotspartei!‹ Das nervt echt. Du kennst dich doch aus mit Verboten. Was sagst du denn dazu?«

Es gibt viele mögliche Antworten und Vergleiche. Einen habe ich neulich in der Zeitung gelesen. Das Rauchverbot in Gaststätten ist keine klassische Bevormundung, sondern ein Verbot zum Schutze der Nichtraucher. Das haben die meisten Menschen inzwischen akzeptiert.

Wenn ich das Fliegen begrenze und vorgebe, dass Autos klimafreundlicher werden, geht es ebenfalls darum, das Leben anderer Menschen zu schützen. Etwa von solchen, die heute mehr denn je unter Dürrekatastrophen leiden oder vor einem steigenden Meeresspiegel fliehen müssen.

Mit diesen Menschen sitzen wir nicht in einem Raum, aber einleuchten sollte es dennoch. Was ist das für eine Freiheit, wenn ich sie nur zulasten von Mitmenschen ausleben kann? Genau dafür brauchen wir gesellschaftliche Vereinbarungen. Und, wenn man es unbedingt so nennen will, Verbote. Puh, jetzt ist es raus, aber ist das so schlimm?

Ich freue mich darüber, dass in Kneipen nicht geraucht werden darf. Ich bin froh, dass die Menschen vor roten Ampeln halten. Und ich finde es gut, dass mein Nachbar nicht einfach seinen Müll in meinem Garten entsorgen darf. Das ist nämlich verboten.

Den Flächenfraß stoppen *(vgl. G 187)*

Bei Ludwig in Münster kann man schön auf dem Balkon sitzen und ins Grüne gucken. Die Vögel zwitschern, Grillen zirpen. Doch nun ist bald Schluss mit Grün. Es muss ja überall in rasantem Tempo gebaut werden. Wohnungen und Häuser werden immer größer, Paare und Singles leben auf 100 Quadratmetern und finden das okay so. Für diese Bedürfnisse müssen überall neue Wohnsiedlungen entstehen. Rund 300.000 werden im Jahr gebaut, der Städtetag fordert 400.000.

Nur zur Erinnerung: Die Einwohnerzahl der Republik ist seit 1970 im Grunde unverändert. Abermillionen Wohnungen haben Investoren und Häuslebauer seither errichtet. Allein zur Herstellung des verbauten Zements werden unfassbare Energiemengen benötigt. Und die zusätzliche Wohnfläche muss auch beheizt werden.

Bei fast jedem neuen Bauprojekt entflammen wütende Proteste der Anlieger. Das Grün erhalten wollen alle, aber sich beschränken, das tun sie nur, wenn die Mieten extrem teuer sind.

Es hat mich daher besonders gefreut, als zahlreiche Umweltorganisationen in Süddeutschland zum Volksentscheid »Betonflut eindämmen – damit Bayern Heimat bleibt« aufriefen. Ziel war eine gesetzliche Obergrenze für den Flächenverbrauch. Das Limit sollte bei täglich fünf Hektar liegen und verhindern, dass kostbares Grün verschwindet, etwa für 400 Straßenbauprojekte, die bis 2030 geplant sind.[80] Die Zerschneidung der Landschaften wird nach wie vor forciert, als hätte es nie eine Debatte über Naturschutz gegeben.

Das Bündnis für den Volksentscheid hatte großen Zulauf. Im Herbst 2017 trugen sich in wenigen Wochen 48.000 Wahlberechtigte in die Unterstützerlisten ein, doppelt so viele, wie nötig gewesen wären. Der Bayerische Verfassungsgerichtshof hat das Begehren dann leider aus formalen Gründen abgelehnt. Das ist »eine falsche, unverständige, unselige Entscheidung«, meint Heribert Prantl von der »Süddeutschen Zeitung«.

Ministerpräsident Horst Seehofer freut sich darüber. Ein Limit sei der falsche Weg. Es sei zwar richtig, die Versiegelung und Zerschneidung kostbarer Grünflächen zu begrenzen. Aber wie das gehen soll, sagt er nicht. Es geschieht also weiter das Gegenteil von dem, was politisch proklamiert wird.

Alle freiwilligen Maßnahmen wie Informationskampagnen, ein Flächensparforum und eine Flächenmanagementdatenbank haben das Problem nicht eindämmen können. In der Fachwelt ist längst klar, dass nur eine Obergrenze helfen kann – doch die CSU fordert lieber eine verfassungswidrige Obergrenze für Asylbewerber.

Wohnungen werden immer größer *(vgl. G 187)*

Unlängst hat das Statistische Bundesamt verkündet, dass die Wohnfläche je Einwohner weiter zunimmt. Die aktuelle Wohnungsnot sei demnach zum Teil auf gestiegene Ansprüche zurückzuführen. Nach einer am 27. Juli 2017 veröffentlichten Aufstellung des Amts stand im vergangenen Jahr rechnerisch jedem Einwohner eine durchschnittliche Wohnfläche von 46,3 Quadratmetern zur Verfügung. Im Jahr 2000 waren es noch 39,5, 1990 nur 34,8 Quadratmeter.

Nach oben wird es da keine Grenze geben, manchen Menschen wird es nicht schwerfallen, auch für eine Zehn-Zimmer-Wohnung Gründe zu finden. Menschen gewöhnen sich daran, dass es ab jetzt noch einen gesonderten Raum für die persönliche Fitness gibt sowie weitere für Meditation, Billard oder Tischfußball.

Seit Jahrzehnten errichten Bauherren Jahr für Jahr rund 300.000 neue Wohnungen. Dabei ist Deutschlands Einwohnerzahl kaum gestiegen. Nimmt die Wohnfläche je Bürger zu, geht der Energieverbrauch hoch – und der Effekt immer effizienterer Heizungen und superdichter Fenster wird aufgezehrt.

Interessant ist bei der gegenwärtigen »Wohnungsnot«, dass es die hohen Ansprüche sind, die das Wohnungsangebot knapp werden lassen – selbst wenn genügend Wohnungen verfügbar sind. Ist das Angebot hoch, und die Suchenden können wählen, drückt das auf den Preis. Die Vermieter müssen ihre Wohnung vergleichsweise günstig anbieten, die Mieter können sich in dieser Marktsituation größere Wohnungen leisten. Bei einem Quadratmeterpreis von sechs Euro kann ein Paar mit mittlerem Einkommen locker eine 100 Quadratmeterwohnung anmieten. Sie tun es, weil sie es können. In München gäbe man sich wohl auch mit deutlich weniger zufrieden, notgedrungen. Aber auch das wird nicht als schlimm empfunden, schließlich geht es den Freunden und Bekannten aus der Nachbarschaft auch nicht viel besser.

Es ist weder enkeltauglich noch plausibel, dass Städte mit stagnierender Einwohnerzahl Jahr für Jahr Grünflächen mit neuen Wohnungen verbauen. »Ökoroutine« wirbt dafür, besonders in solchen Städten die Neubautätigkeit zu beenden und stattdessen die verfügbare Fläche optimiert zu nutzen.

Wohnungstausch für Ältere? *(vgl. G 187)*

Immer neue Wohnungen müssen vor allem deshalb gebaut werden, weil ältere Menschen, deren Kinder ausgezogen sind, ihre Häuser nicht aufgeben. Gleichzeitig sind junge Familien weiter auf der Suche.

Daraus ergibt sich eine heikle Frage: »Wohnungstausch für Ältere?«. Sie stellt sich nunmehr auch meiner Frau und mir. Die Kinder sind bald aus dem Haus, und wir sind noch keine 50. Es wundert mich nicht, dass in dieser Situation keiner zu dem Schluss kommt, dass die Wohnung jetzt viel zu groß ist und daher eigentlich ein Umzug ansteht. Umziehen? Warum? Das Haus ist abbezahlt, und überall finden sich Details, die man liebevoll eingerichtet und optimiert hat. Außerdem kommen die Kinder ja auch zu Besuch, und dann werden die Zimmer benötigt.

Gerade arbeiten wir im Wuppertal Institut an einem Projekt, um auf dieses Thema aufmerksam zu machen. Wir zeigen, was die Stadt-

Umbau im Bestand, Change Management oder einfach mal anders wohnen. Wer so denkt, baut nicht zwangsläufig neu. Es gibt genug Wohnraum – für alle!

planer in den Städten tun können, damit mehr Bewegung in den Tausch von Wohnraum kommt.

Wohnraumagenturen beraten Menschen, die sich eine veränderte Wohnform vorstellen können (Change Management). Sie helfen bei der Wohnungssuche und finanzieren den Umzug. Zudem werden Menschen dabei unterstützt, ihre Wohnungen und Einfamilienhäuser so umzubauen, dass noch jemand einziehen kann. Neue Mehrfamilienhäuser sollen auch gebaut werden – mit fairen Mieten, allerdings besonders für ältere Menschen, die sich verkleinern. Deswegen gibt es in diesen Häusern auch Gästezimmer und Gemeinschaftsräume.

Liberalismus ist grün

Gerade schickt mir ein Kollege folgendes Zitat: »Allerdings ist Fläche endlich, ihr Verbrauch muss daher sparsamer werden. Deshalb wollen wir den Flächenhandel als ökonomisches Anreizsystem für eine sparsame kommunale Flächenausweisung weiterentwickeln und im Rahmen von Modellprojekten einen Zertifikatshandel mit Flächen erproben. Wenn eine Kommune Freiflächen im Außenbereich zu Bauland machen will, muss sie dafür die entsprechende Menge an frei handelbaren Zertifikaten aufbringen. Statt behördlicher Ausweisung neuer Naturschutzflächen wollen wir vermehrt eine ökologische Aufwertung bestehender Gebiete und eine Stärkung des Vertragsnaturschutzes.«

So stand es im Wahlprogramm der FDP in Nordrhein-Westfalen – und das ist für eine freiheitliche Partei nur konsequent, denn wahrer Liberalismus beachtet auch die Freiheitsrechte der zukünftigen Generationen. Überrascht hat es mich trotzdem. Eine Forderung der FDP, die meinem »Flächenmoratorium« sehr nahe kommt[81] – seltsam.

Windkraft und Vogelschutz

Im Pariser Abkommen hat sich Deutschland dazu verpflichtet, die nationalen Klimagase bis zum Jahr 2050 um mindestens 90 Prozent zu verringern. Ohne einen massiven Ausbau der Windkraft kann das nicht gelingen. Inzwischen wird das jedoch zumindest am Festland immer schwerer. In der »Welt am Sonntag« las ich einen Titelbericht über »Das teure Abenteuer Energiewende«. Über ganze zwei Seiten beschreibt dort ein Redakteur, wie hirnrissig es sei, Strom aus Sonnen- und Windkraft zu erzeugen. Tja, es gibt auch Journalisten, die stumpf lügen und Fakten verdrehen, das ist nicht erst mit Donald Trump populär geworden. »Die Welt« war sich auch nicht zu schade, einem Klimaskeptiker und Kohlefreund die Verbreitung postfaktischer Argumente zu ermöglichen.

Fritz Vahrenholt beklagt sich in dem Artikel über die Folgen der Windkraft für den Vogelschutz. Tatsächlich kommen jährlich zwischen 10.000 und 100.000 Vögel um. Darüber wird von den Windkraftgegnern, denen der ehemalige Umweltsenator Hamburgs das Wort redet, viel diskutiert. Hunderttausend Vögel sind viel, aber die Zahl relativiert sich, wenn man bedenkt, dass pro Jahr schätzungsweise 18 Millionen Vögel an Glasscheiben zu Tode kommen. Hohe Verlustzahlen entste-

hen auch an Freileitungen und beim Vogelschlag an Straßen und Bahnstrecken, doch auch davon ist bei den »Vogelfreunden« keine Rede.

Bürger und Politiker haben die Energiewende auf den Weg gebracht. Das Gesetz für Erneuerbare Energien zwang die Konzerne
dazu, ihre Geschäftsmodelle, ja ihre Routinen anzupassen. Ändern
sich die Geschäftsgrundlagen, ändern Konzerne auch ihre Konzepte,
um Gewinne zu erwirtschaften. Sie tun dies allerdings nicht freiwillig, dafür braucht es Druck von unten und von oben, von Bürgerinnen und Politikerinnen.

Die absurde Verhältnislosigkeit der Vogelschutzdiskussion beim
Ausbau der Windkraft zeigt jedenfalls: Der »Kampf um Strom« ist
noch nicht gewonnen.

Mähen

Es ist nun schon fast zehn Jahre her, da oblag mir die Koordination des
Buchprojektes »Zukunftsfähiges Deutschland«. Es sollte die Nachfolge
der 1996 legendär gewordenen Studie antreten. Sie hatte den gleichen
Titel, und der »Spiegel« bezeichnete das Buch als »Bibel der Umweltbewegung«. Die Projektleitung hatte seinerzeit der großartige Autor und
Redner Wolfgang Sachs inne. Von ihm habe ich im Laufe des Projekts
viel gelernt, und ich bin Wolfgang bis heute dankbar dafür.

Natürlich waren wir nicht immer einer Meinung, und so kam es
dazu, dass meine kleine Geschichte über die Potenziale des Handra-
senmähers gestrichen wurde. Zu abwegig, hieß es lapidar. Doch erst
kürzlich las ich einen Artikel, in dem der Autor über Rasenmähen
mit Muskelkraft schrieb. Ob er seinen eigenen Rasen tatsächlich mit
einem Spindelmäher kürzt, blieb dabei unklar, aber mir kam natürlich wieder mein damaliges Anliegen in den Sinn.

Was ist so schlimm daran, Gartenarbeit vor allem mit Muskelkraft
zu absolvieren? Blickt man auf die immer umfangreichere Ausstattung
mit motorbetriebenen Gartenwerkzeugen, scheinbar viel. Der Rasenmäher ist da nur die Basis; dazu kommen elektrisch betriebene He-
ckenscheren, Rastentrimmer, Vertikutierer, Hochdruckreiniger und
Laubsauger. Nicht ohne Grund steht der Lärm aus Nachbars Garten

an zweiter Stelle, wenn es darum geht, dass es wieder einmal zu laut ist (die Nummer eins ist natürlich der Verkehrslärm). Bedenklich sind ferner die nicht unerheblichen Schadstoffemissionen der »kleinen« Gartenhelfer. In der Masse verursachen diese hochemittierenden Motoren neben den landwirtschaftlichen Nutzfahrzeugen abseits der Straßen die größten Schadstoffmengen. Rasenmäher mit Zweitaktmotoren überbieten die im Straßenverkehr zulässige Kohlenmonoxidmenge um das 90-Fache. Während einer Stunde Betrieb produziert ein Zweitakter so viel Kohlenwasserstoffe wie 200 Autos mit Katalysator.

Dabei kostet ein guter handbetriebener Spindelmäher nur ein Fünftel eines vergleichbar großen Benzinmodells[82] und schont damit bereits bei der Anschaffung das Portemonnaie. Der anschließende Betrieb ist völlig kostenfrei.

Das Rasenmähen mit Muskelkraft ist natürlich eine Frage der Haltung. Hier kann der Gesetzgeber nicht mit Vorschriften nachhelfen. Jeder sollte für sich entscheiden, ob die körperliche Betätigung nicht eher vorteilhaft als lächerlich ist. Moderne Spindelmäher arbeiten mit einer berührungslosen Präzisions-Schneidetechnik, erfordern nur geringen Krafteinsatz und sind so leise, dass Gartenfreunde nicht einmal die Mittagsruhe der Nachbarn stören. Und wer bei einer etwas größeren Rasenfläche ins Schwitzen kommt, spart die Zeit im Fitnesscenter.

Setsuden: Sparprogramm in Japan

Kanzlerin Angela Merkel hat bei ihrem Auslandsbesuch in Japan 2007 Regierungschef Shinzo Abe zu Gesprächen getroffen. Spitzenthema war die Übergabe der G8-Präsidentschaft von Deutschland an Japan. Die beiden sprachen über den Klimaschutz. Dabei empfing Abe Merkel ohne Krawatte – dem Klima zuliebe. Denn die Klimaanlage in seiner modernen Residenz wurde so programmiert, dass die Temperatur nicht weiter absinkt als auf 28 Grad. Dafür durften die Männer beider Delegationen dann auch ihre Krawatten ablegen.

Doch auch außerhalb der Räumlichkeiten des Regierungschefs macht Japan Ernst und schaltet ab: Zwar leuchten die Werbeanzeigen im Vergnügungsviertel Ikebukuro noch, doch jede zweite Straßenlaterne ist auch dort aus, Rolltreppen stehen still. In U-Bahn-Stationen und Kaufhäusern leuchten ebenfalls weniger Lampen. Da nur noch 16 von 54 Reaktoren am Netz sind, muss Japan – besonders Tokio – Strom sparen.

»Setsuden« heißt das Schlagwort der Saison. Die Schulen haben Setsuden-Merkblätter ausgegeben, sie drillen die Kinder, das Licht zu löschen und selbst bei großer Hitze möglichst auf Klimaanlagen zu verzichten. Dabei hilft, wie immer in Japan, der Druck der Gruppe. Ämter, Institute, Fitnessstudios und Büros werden nur noch auf 28 Grad heruntergekühlt. Im Sommer gilt die Kleiderordnung Cool-Biz und erlaubt den Angestellten in Firmen und Ämtern seit einigen Jahren, im Kurzarmhemd und ohne Schlips zu arbeiten. Seit Fukushima ist die Vorgabe noch weiter gelockert worden, und man kann sogar in Hawaiihemd und Shorts ins Büro kommen.

Wenn die Klimaanlagen in öffentlichen Gebäuden nur noch auf maximal 28 Grad Celsius kühlen, bringt das einen gewaltigen Einspareffekt mit sich. Die Männer können ja auch mal das Sakko ablegen oder gar kurze Hose tragen.

»Setsuden«, Strom sparen auf Japanisch. Das macht auch vor Rolltreppen nicht halt.

Tokio verbrauchte im Sommer nach Fukushima 20 bis 25 Prozent weniger Strom als im Vorjahr. Auf einer Regierungswebsite (setsuden.go.jp) können die Menschen den aktuellen Strombedarf in Erfahrung bringen. Die Getränkeautomaten, die überall stehen, sind tagsüber nicht mehr beleuchtet, die Getränke sind weniger kalt.

Der Industrie und anderen Großbetrieben schrieb die Regierung vor, ihren Stromverbrauch um ein Fünftel zu verringern. Viele Fabriken arbeiten von Samstag bis Mittwoch, um den Spitzenbedarf zu reduzieren. In Wohnheimen und Unis machen mahnende Hausmeister die Runde. Der Handel hat rasch reagiert: Er preist Ventilatoren an, weil sie viel weniger Energie verbrauchen als Klimaanlagen, und Kühlkleider für Menschen und Hunde.

Wird das Öl doch knapp?

21. November 2018. Die Internationale Energieagentur legt ihren Jahresbericht zur Lage der Energiewirtschaft vor. Diese Berichte waren bis vor zehn Jahren von einem satten Grundoptimismus geprägt. Doch inzwischen werden die Mahnungen immer eindringlicher. Fatih Birol, seines Zeichens Chefökonom der Agentur, sagte bereit vor zehn Jahren: »Wir müssen uns vom Öl verabschieden, bevor es uns verlässt.«

Heute erklingt erneut die Mahnung, beim Erdöl drohe bereits Anfang des nächsten Jahrzehnts weltweit eine dramatische Versorgungskrise, zumal der Anteil des leicht zu fördernden Öls bereits seit 2006 rückläufig ist. Um die Weltnachfrage zu befriedigen, müssen andere Quellen erschlossen werden. Das wird immer teurer und aufwendiger. Vor allem die USA sind gefordert, ihre umweltschädliche Schieferölproduktion in extremer Form auszuweiten.

Ich beobachte gespannt diese Entwicklung. Früher galten Experten, die vor dem Ende des Ölzeitalters gewarnt haben, als Schwarzseher. Und vielleicht wird das Öl auch niemals knapp und teuer – allein deswegen, weil wir uns rechtzeitig umgestellt haben und Autos ohne Verbrennungsmotor zum Standard geworden sind.

Aber womöglich kommt es doch anders. Vielleicht steigt der Ölpreis massiv und belastet die Weltwirtschaft, beeinträchtigt arme Menschen, die auf Heizöl und Treibstoff angewiesen sind. Es könnte unbequem werden.

Aber eines zeichnet sich jetzt schon ab: Der »Markt« vermag es nicht, eine prognostizierte Versorgungskrise durch einen maßvollen Preisanstieg vorwegzunehmen. Im Gegenteil: Gerade durch Spekulation kann es zu plötzlichen Preisanstiegen kommen. So wie im Jahr 2008, da kostete das Fass Öl zeitweilig 150 Dollar. Später waren es dann wieder 40 Dollar.

Die Bundesminister werden von ihren Fachleuten in der Verwaltung beraten. Ich finde es schon erstaunlich, mit welcher Gelassenheit sich die ministerialen Experten derartige Berichte anschauen. Keiner wacht auf. Stattdessen: immer mehr Straßen, mehr Autos, mehr Leistung.

Was werden diese Experten sagen, wenn es zu einer Versorgungskrise kommt? Vermutlich wird es heißen: »Oh, das konnte man nicht ahnen!«

Doch, das konnte man.

Schubsen

Wir ändern nur ungern unsere Routinen. Wir tun es dennoch, manchmal sogar unbewusst, wenn sich etwas in unserer Umgebung verändert. Standards und Limits, aber auch Preise und Vorbilder können das bewirken. Bei all dem ist uns die Freiheit kostbar. Wir wollen selbst entscheiden können. Doch schon die Art der Fragestellung, also eine formale Gegebenheit, kann das Ergebnis massiv beeinflussen.

In Spanien beispielsweise gilt jeder Bürger automatisch als Organspender, es sei denn, er lehnt das ausdrücklich ab. Hierzulande ist es anders. Nur wer einen Ausweis zur Organspende bei sich trägt, ist offiziell zur Hilfe bereit.

Ursächlich dafür ist das, was Ökonomen als »Nudge« bezeichnen. Durch einen »Schubser« oder Anstoß soll das Verhalten von Menschen so beeinflusst werden, dass kluge oder wünschenswerte Entscheidungen entstehen. Ein Schubser kann ein Hinweis, eine Erinnerung, Warnung oder auch die Veränderung einer formalen Rahmenbedingung sein. In vielen Bereichen wird das Konzept längst eingesetzt. Beispielsweise wird ein Abonnement wesentlich häufiger verlängert, wenn dies stillschweigend geschieht. Ruinös wäre es für viele Verlage wohl, müsste der Kunde die Verlängerung jährlich neu in Auftrag geben.

In der gleichen Form lassen sich umweltfreundliche Verhaltensweisen und Entscheidungen initiieren. Das geschieht etwa beim Zeitschalter für das Treppenhauslicht. Nach einigen Minuten erlischt die Lampe, die Bewohner müssen es bewusst einschalten. Wäre es umgekehrt, wäre das Treppenhaus immer stundenlang erleuchtet, wenn ein Bewohner das Ausschalten vergisst. Ebenso förderlich wäre es, wenn beispielsweise Drucker werkseitig beidseitig drucken und Kühlschränke bereits auf sechs Grad voreingestellt sind.

Auch aus der Geschichte kennt man dieses Prinzip: Um die Hungersnot zu bekämpfen, wollte Friedrich der Große die Kartoffel neben dem Weizen etablieren. Das Problem war, dass die Kartoffel ihres Aussehens wegen damals als unappetitlich galt. Also hat er den Anbau der Kartoffel angeordnet. Als die Bauern immer noch meinten, man könne nicht mal Hunde dazu bewegen, diese widerlichen Dinger zu essen, erklärte der Alte Fritz die Kartoffel kurzum zum königlichen Gemüse, das niemand sonst essen durfte. Die königlichen Kartoffeläcker um Berlin wurden Tag und Nacht bewacht. Das Ergebnis ist bekannt, denn von nun an dachten sich die Menschen: Wenn etwas es wert ist, bewacht zu werden, ist es auch wert, gestohlen zu werden – und schon bald gab es eine massive Kartoffelzucht im Untergrund …

Seine Routinen ändern kann auch Spaß machen. Diese Stufen in Stockholm imitieren ein Klavier. Beim Treppensteigen erzeugen die Fahrgäste der U-Bahn Musik. Die Rolltreppe findet kaum noch Beachtung. Vorher war es umgekehrt. Diese Treppe steht beispielhaft für einen Motivationsansatz namens »Nudging« – zu Deutsch »anstoßen«.

WOHNEN in Deutschland

Pro-Kopf-Energieverbrauch nach Einkommen

Gesamtenergieverbrauch (kWh/a)

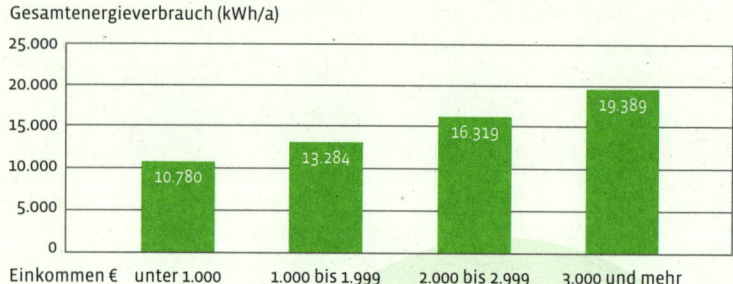

Einkommen €	unter 1.000	1.000 bis 1.999	2.000 bis 2.999	3.000 und mehr
	10.780	13.284	16.319	19.389

Der Stromverbrauch pro Kopf

ist seit 2005 anhaltend hoch (rund 7.000 kWh).
1960 lag er noch bei knapp 1.800 kWh, 1970 waren es schon
fast 4.000, die 6.000er-Marke fiel in den frühen 1980er-Jahren.
Ein Grund dafür ist die zunehmende Individualisierung
beim Wohnen: Ein Single-Haushalt braucht 40% des
Stroms eines 4-Personen-Haushalts.

Jahres-Stromverbrauch nach Haushaltsgröße

kWh/a

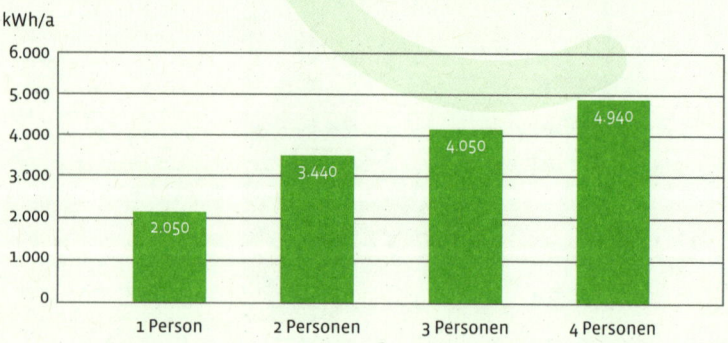

1 Person	2 Personen	3 Personen	4 Personen
2.050	3.440	4.050	4.940

Die Wohnfläche pro Kopf

nahm in Deutschland von 14 (1950) auf 46,1 m² (2017) zu. Auf den ersten Blick überraschend: Der Wohnflächenbedarf v. a. bei der Altersgruppe über 75 Jahren ist extrem hoch (75 m²). Der Grund dafür ist, dass Eltern nach Auszug der Kinder oft in der großen Familienwohnung bleiben. Wenig überraschend ist, dass damit die überbaute Fläche (2017: 500 m²) stark ansteigt, was sich nur zum Teil durch die Bevölkerungsentwicklung (2017: 83 Mio.) erklären lässt.

Siedlungs- und Verkehrsfläche

pro Einwohner (EW) in m²

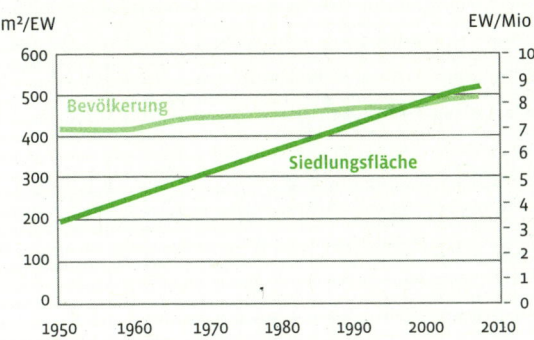

Was alles vorstellbar ist

Alternatives Wohnen I

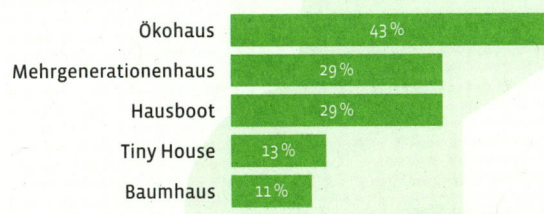

Alternatives Wohnen II

Ideen für gemeinschaftliches Wohnen enthält das Buch *Einfach anders wohnen* von Daniel Fuhrhop. Darin enthalten sind Tipps und Anregungen u. a. zu: Zusammenwohnen und -arbeiten (Co-Working); Wohnungstausch; Wohnen für Hilfe; Kollektivhäusern; Leerstandsermittlung.

Arsch hoch!
Widerstand gegen Braunkohle

Wenn Sie auf Ökostrom umstellen, ist das eine schöne Sache. Inzwischen haben das rund zehn Millionen Bürger gemacht.[83] Es wird aber jetzt schon Ökostrom für 25 Millionen Menschen erzeugt – und es gibt Kohlemeiler, deren erzeugter Strom in weiten Teilen exportiert wird. Wir können also gut ohne diese Kraftwerke leben, die zum Teil schon 40 bis 50 Jahre alt sind.

Eine Kommission beriet darüber, wie wir vom Haupthindernis für die Energiewende, dem Kohlestrom, wegkommen. Doch in diesem Gremium saßen auch Leute, die so lange wie möglich an der Kohle festhalten wollen, besonders an der Braunkohle – und so kommt der Ausstieg erst 2038.

Nach wie vor kommt es darauf an, dass Bürgerinnen und Bürger Druck ausüben. Nur durch Widerstandsbewegungen werden Politiker verstehen, dass es nicht geht, Dörfer für Braunkohle wegzubaggern.

Das klingt erst mal abstrakt, wird aber ganz konkret beim Aktionsbündnis »Zukunft statt Braunkohle«. Auf der Website finden sich viele Aktionen, um gegen Braunkohle zu demonstrieren. Also: Misch dich ein! Geh in den Widerstand, nimm Freunde mit, und mach ein Picknick mit Blick auf den Bagger!

Arsch hoch! Widerstand durch
Plug-and-Play-Solarpanele

Die Energiewende ist in vollem Gang. Was kann man tun? Viele wissen es nicht, aber man kann sogar auf einem Balkon Sonnenstrom erzeugen, für den Hausgebrauch. Ganz einfach.

Der erzeugte Strom wird unmittelbar im Stromnetz unseres Hauses verbraucht. Kein Transport über Stromtrassen ist erforderlich. Diesen Strom nennt man dezentral.

Ich habe das vor einigen Monaten endlich selbst angepackt. Wir haben ein Dach mit Südausrichtung, darauf sind aber schon zwei Mo-

Wir sitzen bei uns auf der Terrasse. Thomas ist ganz begeistert von meiner kleinen Solaranlage. Eine Woche später hatte er sich auch zwei Stück bestellt und mir gleich ein Foto geschickt. Inzwischen gibt es noch mehr Nachahmer. Auch solche Aktionen machen Druck von unten. Protest, der Spaß macht, auch weil man damit Geld verdient.

dule für die Erwärmung von Wasser. Wohin also mit weiteren Modulen? Ich war unentschlossen – und habe letztlich nichts gemacht. Eine Bekannte meinte dann: »Du hast einen Garten und ein Haus? Na dann los! Kann doch gar nicht sein, dass das nicht geht!«

Das war wohl der letzte Impuls, den ich noch brauchte. Ich habe zwei Module bestellt, wenige Tage später waren sie aufgestellt und angeschlossen – via Stromkabel in unsere Außensteckdose. Der Strom fließt in das Hausnetz. Wirklich unfassbar einfach. Und nach drei bis vier Jahren sind die Kosten schon eingespielt!

Ein schöner Nebeneffekt: Alle Freunde, die bei uns zu Gast waren, zeigten sich begeistert – zwei haben kurz darauf auch bestellt und aufgestellt.

Mit solchen Aktionen ändert man natürlich nicht das System. Aber die Anlage ist für jedermann ein Signal: »Tu was, denn es geht was!« Durch eine einfache Aktion werde ich aktiver Teil der Energiewende. Ich helfe mit, dass die simple Plug-and-Play-Technik bekannter wird – und wenn das 100.000 Leute machen, ändert sich dann am Ende doch etwas im Energiesystem.

KKW-Ausstieg

Im Jahr 2008 erschien die Studie »Zukunftsfähiges Deutschland in einer globalisierten Welt«. Im Projektverlauf kam die Idee auf, über das ganze Buch sogenannte Nachrichten aus der Zukunft einzuspielen. Sie heißen dort »Zeitfenster 2022« und beschreiben, wie es zu dieser Zeit sein könnte. Nun, 2019, ist es nicht mehr allzu lange bis dahin, und auch andere, einst visionäre Geschichten werden schneller Realität als gedacht.

Besonders auffällig ist das bei der Geschichte »Zehn Jahre Kohlekonsens«, die ich Ende 2007 verfasst habe. Damals schrieb ich:

»Die Umweltbewegung kann heute ein zehnjähriges Jubiläum feiern. So alt ist das Kohlemoratorium, mit dem die Bundesregierung den Ausstieg aus der konventionellen Kohleverstromung beschloss. Die Entscheidung sorgte seinerzeit weltweit für großes Aufsehen, schließlich behaupteten die Deutschen beides gleichzeitig zu können: aus der Kohle- und aus der Kernkraft langfristig aussteigen. Noch vor knapp 15 Jahren war der Bau von mutmaßlich 40 Kohlekraftwerken geplant. Wäre nur die Hälfte davon verwirklicht worden, die Klimaschutzziele der Bundesregierung hätten niemals erreicht werden können.

Doch allen Ortens gründeten sich Bürgerinitiativen gegen den Bau von neuen Kohlekraftwerken (KKW). Sie rechneten vor, wie sich das KKW durch Kraft-Wärme-Kopplung, Effizienzkraftwerke und durch den entschlossenen Ausbau erneuerbarer Energien vermeiden lässt. Kein Wunder, dass der Zuspruch groß war. Als sich auch noch in der Gemeinde Ensdorf, im ›Bergbau-und-Energie-Land‹ Saarland, 70 Prozent der Teilnehmer einer Bürgerbefragung gegen ein geplantes KKW aussprachen, brach der Damm. Die Presse sprach von der ›Anti-KKW-Bewegung‹, und die Politik schien sie endlich ernst zu nehmen.

Drei Faktoren haben neben den Bürgerprotesten den Kohlekonsens begünstigt und die Neubauplanungen begrenzt. Erstens erwiesen sich die geplanten Kraftwerke durch die gestiegenen Baukosten und durch die bevorstehenden Aufwendungen für den Emissionshandel als wesentlich kostspieliger als zuvor kalkuliert. Im Jahr 2010 sorgte zweitens die KWK-Einspeisevergütung für einen Investitionsschub, wie man ihn schon vom EEG kannte. Drittens beschloss die Bundesregierung im Jahr 2012 das sogenannte Kohlemoratorium: Das Bundesimmissionsschutzgesetz (BImSchG) wurde dahingehend geändert, dass nur noch Kohlekraftwerke mit einen Gesamtwirkungsgrad von mindestens 70 Prozent, bezogen auf die Ausgangsenergie des Brennstoffs, genehmigt werden konnten. Diesen Wert konnten nur moderne Kraftwerke erreichen, die gleichzeitig Strom und Wärme produzieren (KWK), konventionelle Kohlekraftwerke jedoch nicht.«

Ende 2017 wurde mit dem Kohlekonsens der langfristige Ausstieg aus der Kohlekraft beschlossen. Im Sommer 2018 lag der Beitrag der erneuerbaren Energie zur Stromerzeugung bei über 40 Prozent, im Jahr 2008 waren es noch zehn. Der Kohlestrom ist rückläufig. Bis spätestens 2038 sollen alle KKW vom Netz; das letzte Atomkraftwerk wird 2025 abgestellt.

Niemand hätte das Ende der 1990er-Jahre für möglich gehalten. Sie können wahr werden, die Visionen. Viele Tausend Menschen haben sich dafür engagiert.

Holz macht dreimal warm

Unser Wohnzimmer heizen wir mit einem Ofen, dessen Technik so alt wie effizient ist. Im Grunde funktioniert er wie ein Kachelofen, und er speichert Wärme. Wie auch immer, irgendwoher muss auch für diesen Ofen das Holz kommen.

Irgendwann, als ich mal wieder eine Fuhre besorgt hatte, war ich ziemlich genervt. »Dafür habe ich keine Zeit mehr!«, so meine Gedanken damals. »Das war das letzte Mal! Den nächsten Kubikmeter lasse ich anliefern, fertig gehackt und getrocknet!«

Wenig später war ich fast fertig. Ging doch viel schneller als gedacht. Und es hat Spaß gemacht. Klar, Holzhacken kann anstrengend sein. Aber man kann es auch als Sport sehen, und dann ersetzt es eine Fitnesseinheit, vor allem bei herrlichem Wetter und klirrender Kälte. Deswegen heißt es ja auch: »Holz macht dreimal warm. Beim Fällen, beim Hacken und beim Heizen.«

Holzhacken ist anstrengend, aber es macht auch Spaß –
und man bekommt ein Gefühl dafür, dass Heizen Energie kostet.

Und wenn man schön gemütlich vorm Ofen sitzt und ins Feuer guckt, ist es ein schönes Gefühl, den Brennstoff selbst verarbeitet zu haben.

Hambi: Voller Einsatz
für unsere Enkel

7. Oktober 2018. Schon der Weg zur Demo am Hambacher Forst war voller Einsatz. Gefühlt verbrachten wir den ganzen Tag im Bus, immer wieder Stau, Umwege, die zu fahren waren … Dann noch fünf Kilometer zu Fuß, davon fast vier Kilometer vorbei an den parkenden Bussen – darunter viele, die den Nummernschildern zufolge eine richtig weite Anreise hinter sich hatten. Ein Hoch auf solch' wackere Demokraten!

Es war beeindruckend, wie viele Menschen sich auf den Weg gemacht hatten. Doch auf dem Veranstaltungsplatz waren wir letztlich nur 30 Minuten. Denn um 16:30 Uhr sollten wir schon wieder am Bus sein, bereit für die Rückfahrt.

Hat sich der Aufwand gelohnt? Klar, es wäre besser gewesen, wenn wir zumindest ein, zwei Stunden auf der Demo gewesen wären. Aber am Ende zählt nur die Zahl der Protestler, und die ist gewaltig: 50.000 waren gekommen, so die Schätzung – etwa 10.000 waren zunächst erwartet worden.

In der »Tagesschau« war der Hambi der erste Bericht. Und der geriet ausführlich. Also hat es sich gelohnt! Bei WDR5 bekomme ich die Gelegenheit für ein Interview. Die Reichweite ist hier freilich geringer, aber dass Moderator Stephan Karkowsky meine Kernbotschaft – »Öffentlicher Protest ist sinnvoller als privater Konsumverzicht« – gleich zu Beginn auf den Punkt bringt, freut mich natürlich.

Es müsste allen Politikern inzwischen klar geworden sein, dass man mit der Braunkohle nicht einfach weitermachen kann, wie ursprünglich geplant.

Seien wir ehrlich, beim Hambacher Forst geht es nicht wirklich um die letzten Quadratmeter Wald, welche für die Braunkohle abgeholzt werden sollen. Es geht ums Ganze! Der Wald ist zum Symbol geworden für den Widerstand gegen Kohlestrom, für den Kampf gegen die Klimahitze.

Dass es dieses Symbol überhaupt gibt, haben wir den vermeintlichen »Spinnern« in den Baumhäusern zu verdanken. Ohne die wackeren Protestler gäbe es die gegenwärtige Diskussion nicht, würde die träge öffentliche Meinung das Problem Kohlestrom kaum wahrnehmen. Die jungen Menschen in den Wipfeln sorgen für politischen Druck. Mit Erfolg! Kohlepolitiker und Kohleindustrie befinden sich im Rückzugsgefecht. Es sind die letzten Zuckungen einer sterbenden Branche.

Knapp drei Viertel der Befragten sprechen sich für den Kohleausstieg aus. Dabei sind 46 Prozent für einen Ausstieg »bis spätestens 2025« und 27 Prozent »bis spätestens 2030«.

Arsch hoch,
liebe Demokraten!

Wir sind zu Besuch in einem Ökodorf und bummeln durch den Ort. Auf einer Hauswand ist ein Graffiti zu lesen: »Arsch hoch, liebe Demokraten!«

Das bringt es auf den Punkt: »Wer über nicht mehr nachdenkt als die Verwendung seines Gehalts, dessen Verstand schrumpft auf die Dimension seiner Geldbörse.«

Das soll im Umkehrschluss heißen, wer clever ist und seinen Verstand benutzt, tut mehr, als nur alle vier Jahre wählen zu gehen. Demokratie braucht mehr als das. Damit unser gesellschaftliches Zusammenleben funktioniert, benötigen wir Engagement.

Was man tun kann als guter Demokrat, habe ich bereits an vielen Stellen angesprochen, doch es gibt noch mehr dazu zu sagen.

Politiker und Parteispenden

Berlin, 25. Dezember 2017. Es ist kein Geheimnis, dass sich die Parteien von Konzernen beeinflussen lassen. Doch Ausmaß und Gewichtung der Einflussnahme sind erschreckend. Die »Tagesschau« berichtet über Wahlkampfspenden. Demnach bekam die CDU 1,9 Millionen, die FDP 1,5 Millionen Euro. Und das, obwohl die Liberalen zuvor vier Jahre lang gar nicht im Bundestag vertreten waren.

Die FDP erhielt damit achtmal so viele Großspenden wie SPD und Grüne zusammen. Letztere verbuchten jeweils nur eine einzige Einzahlung von 100.000 Euro. Ganz eindeutig haben also zwei Parteien deutlich bessere Möglichkeiten, auf die Wählermeinung Einfluss zu nehmen, ob durch Plakate oder Agenturen, die via Facebook Stimmung machen.

Ist das fair?

Gewiss, im Vergleich zu den USA sind diese Summen Kleingeld. Doch sind Parteienspenden in einer ordentlichen Demokratie akzeptabel? Es gibt viele Kommunalwahlkämpfe, in deren Verlauf sich das Ungleichgewicht bei den Spenden massiv bemerkbar macht. Da wird beispielsweise einen Tag vor der Wahl noch eine Großanzeige in der Tageszeitung gedruckt. Wenn man dieses finanzielle Machtungleichgewicht betrachtet, wundert es nicht, dass viele Bürgerinnen und Bürger denken, dass sich die Politiker vor Unternehmen und Konzernen zum Teppich machen.

Der Eindruck, Politik sei bestechlich, lässt sich ganz leicht ausräumen: In »Ökoroutine« mache ich den Vorschlag, dass die Parteien ihre Spenden in einen Fonds einzahlen. Dieser wird dann nach Proporz aufgeteilt. Die Zahl der erreichten Stimmen legt den Schlüssel fest, mit dem die Gelder zugeteilt werden. Das wäre eine Möglichkeit.

Klar, das wäre ein radikaler Schnitt. Aber genau das braucht es, um das Wählervertrauen in die Politik zurückzugewinnen.

Nebentätigkeit

Eine entscheidende Frage an das Konzept der Ökoroutine ist, ob die Politik überhaupt in der Lage ist, die vorgeschlagenen Standards und Limits zu beschließen. Auf meinen Vorträgen sagen die Leute oft, dafür seien die Einflussnahme der Industrie und überhaupt deren Lobbyarbeit doch viel zu mächtig.

Meine Antwort: Lobbyismus ist ein Problem, aber trotzdem gibt es viele mutige Beschlüsse des Bundestags, auch gegen Lobbyinteressen.

Nun befasst sich eine Studie mit den Zusatzverdiensten der Bundestagsabgeordneten. Bestellt hat sie die Otto-Brenner-Stiftung der IG-Metall bei dem Berliner Sozialwissenschaftler Sven Osterberg. Knapp ein Drittel der Abgeordneten macht entsprechende Angaben, die Beträge liegen meist zwischen 1.000 und 30.000 Euro.

Aber es gibt laut der Studie auch mindestens 100 Großverdiener – Abgeordnete, die auf mehr als 150.000 Euro nebenbei kommen. Sie gehören fast alle der CDU und CSU an. Insgesamt gilt sogar: »Zwei Drittel der Abgeordneten, die bezahlte Nebentätigkeiten haben, sind Mitglieder der Unionsfraktion«, schreibt Osterberg.

Ich glaube nicht, dass die Abgeordneten käuflich sind. Mit dem Ziel, viel Geld zu verdienen, geht man nicht in den Bundestag. Dafür ist der Weg dorthin viel zu beschwerlich und unsicher. Gleichwohl entsteht der Eindruck von massiver Einflussnahme. Von den Bundestagsabgeordneten sollte zu erwarten sein, dass sie sich zu hundert Prozent ihrem Mandat widmen. Nebentätigkeiten, auch noch gegen Honorar, sind nicht akzeptabel und schaden dem Ansehen der Politik.

Der Bundestag könnte hier ein deutliches Signal setzen und Nebeneinkünfte schlichtweg unterbinden. Eigentlich sollte das möglich sein, schließlich erwirtschaftet »nur« jeder vierte Abgeordnete ein Nebeneinkommen. Die redliche Mehrheit könnte also einen Beschluss fassen. Andernfalls muss man sich über Wählerfrust und Politikverdrossenheit nicht wundern.

Kommunalpolitiker

Ich habe einen Freund, der Kommunalpolitiker ist. Seine Frau arbeitet in der Stadtverwaltung. Schon häufiger hat er mir erzählt, wie schwierig es für sie beide ist, noch Zeit füreinander zu finden und mal etwas zusammen zu unternehmen. Immer wenn er einen Nachmittag oder Abend frei hat, ist sie mit ihrem Job oder im Ehrenamt unterwegs. Seine Frau meinte dann: »Gott, wir opfern uns wirklich auf für unsere Stadt.« Mein Freund hat darüber gelacht. Aber irgendwie hat ihn das auch berührt und mich dann auch.

Ich bin seit November 2016 selbst im Stadtrat. Und ich verstehe jetzt noch besser, was der Freund gemeint hat. Das Ratsmandat ist ein Ehrenamt. Es gibt zwar etwas Sitzungsgeld, aber das ist eher ein symbolischer Betrag. Wegen des Geldes macht das kaum ein Ratsherr oder eine Ratsfrau. Aber warum dann? Was treibt mich an?

Was ich immer sage: der Wunsch, etwas zu tun! Ich möchte mehr tun, als nur den nächsten Urlaub zu planen oder meinen privaten Konsumvergnügungen nachzugehen. Ich möchte, dass die Veränderungen, über die ich schreibe, auch Realität werden.

Und da ist die Mitwirkung in einem Stadtrat zwar nur ein kleiner Beitrag. Aber ich bekomme doch die Rückmeldung, dass es ein Unterschied ist, ob jemand ohne Vorkenntnisse in Sachen Umweltpolitik aktiv wird oder ob er sich seit Jahren damit befasst.

Ganz ehrlich: So richtig scharf bin ich nicht darauf. Ich möchte nicht unbedingt wiedergewählt werden, möchte eigentlich wieder etwas mehr Zeit für mich und für Muße haben. Dann kann ich auch mehr schreiben und bin kreativer. Aber jetzt ziehe ich das erst mal durch. Über Politiker lästern ist leicht. Selbermachen ist schwer.

Nur Mut!

Mutige Politiker sind zweifellos gefragt, wenn es darum geht, die Städte wieder lebenswert und menschengerecht zu machen. »Grün statt Asphalt« ist hier ein zentraler Baustein.

Doch wenn man ehrlich ist, fehlt vielen Stadträten der Mut für solch fantastische Maßnahmen wie in Seoul. Dort hat man eine ganze Stadtautobahn zurückgebaut.

So weit wird es etwa in München oder Berlin wohl nicht kommen. Kommunalpolitiker sollten sich aber wenigstens dazu durchringen, ein Limit für den Parkplatzneubau zu beschließen. Es stimmt zwar, dass inzwischen fast alle Parteien für nachhaltige Mobilität plädieren. Aber in Dutzenden Städten passiert das Gegenteil, und es werden weitere Parkhäuser gebaut. Kein Scherz, es gibt sogar »Experten«, die im Stadtzentrum Osnabrücks das größte Parkhaus der Welt errichten wollen.

Wie soll sich da die Routine ändern, wenn die Leute noch besser als zuvor mit dem Auto zum Geschäft fahren können?

Es wäre gut, wenn sich unsere Kommunalparlamente zu dieser einfachen Wahrheit bekennen könnten: Mehr Parkplätze in der Stadt werden nicht zu weniger Autoverkehr führen, sondern das Gegenteil bewirken: mehr Autos, noch vollere Straßen, mehr Lärm, mehr Schadstoffe, mehr Unfälle, noch mehr Wut und Unzufriedenheit.

In Seoul hat man eine ganze Stadtautobahn zurückgebaut.
Viele waren dagegen und haben gesagt: »Das geht nicht!« Es hat viel politischen Mut erfordert, dieses Projekt durchzusetzen. Und am Ende ging es doch.

»Ist mir scheißegal«

Mein Freund Lars schreibt mir:

»Lieber Michael,

mein Nachbar hat sich neulich darüber beklagt, es gebe zu wenige Parkplätze. Mich hat er von einer Garageneinfahrt verscheucht. Es war die Garage einer Nachbarin, die das kurzfristig immer akzeptiert hat. Nun hat der Nachbar sie gemietet.

Er, seine Frau und die beiden Kinder haben zusammen vier Autos. Also, die sind nicht reich. Sonst würden sie nicht in so einem kleinen Reihenhaus leben. Aber für Autos reicht die Kohle dann eben doch.

Ich habe nur angedeutet, dass es Parkplatzprobleme ja ebendeshalb gibt, weil Leute wie er viele Autos haben. Ich: ›Dafür fehlt jetzt langsam der Platz.‹

Der Nachbar: ›Dann muss die Stadt eben mehr Parkplätze einrichten. Und komm mir jetzt nicht mit Klimaschutz. Das ist mir scheißegal. Ich zahle meine Kfz-Steuern. Damit ist die Sache für mich abgehakt.‹

Was sagt man dazu?«

Ich antworte:

»Lieber Lars!

So offen würden es wohl nur wenige aussprechen. Denn laut Umfragen beteuern rund 90 Prozent der Bürgerinnen, dass ihnen der Klimaschutz wichtig ist. Betrachtet man jedoch ihr konkretes Verhalten, läuft es eben genau auf die gelebte Praxis deines Nachbarn hinaus. Millionen Menschen fahren mit dem SUV über geteerte Straßen, sie fliegen in die Ferne und leben in übergroßen Häusern.

Wir können uns sicher sein, der Nachbar wird nicht weniger Auto fahren oder gar darauf verzichten, weil er im Fernsehen eine Dokumentation über die Klimakrise gesehen hat.

Es steht auch zu befürchten, dass meine Vorschläge, etwa Parkplatzrückbau, bei deinem Nachbarn nicht gerade Begeisterung auslösen werden. So wie Raucher entsetzt waren, als das Rauchverbot in Gaststätten eingeführt wurde.

Mein Rat: Lass dich nicht runterziehen von der Gleichgültigkeit deines Nachbarn. Er gehört mit seiner Einstellung zu einer kleinen Minderheit. Wenn es gut läuft in der Politik, werden seine Kinder eines Tages keinen eigenen Wagen mehr vor der Tür stehen haben. Nicht weil sie sich bewusst dafür entschieden haben, sondern eben weil es normal geworden ist. Weil alle so leben.«

Wechselspiel: Engagement und Bewusstsein

Nach meinem Vortrag in Magdeburg hat mir ein Zuhörer wunderbar den Zusammenhang von Verhalten und Verhältnissen erklärt:

»Ich kann mich richtig verhalten, also mit dem Bus fahren oder aufs Rad steigen. Doch wenn ich mir wünsche, dass die Radwege besser werden und die Busse häufiger fahren, muss ich die Verhältnisse ändern. Ich muss mich also einmischen, in die politische Diskussion gehen.«

Das beschreibt exakt das Wechselspiel zwischen umweltpolitischem Engagement und umweltbewusstem Verhalten.

Nicht das Verkehrsministerium ist – so wie es bislang gelaufen ist – Treiber der Mobilitätswende. Es sind die unzähligen lokalen Initiativen und gut organisierten Verbände, die den Wandel einfordern. Ganz vorne dran ist gerade die Deutsche Umwelthilfe. Sie macht Druck mit ihren Klagen. Diese wiederum fußen auf einem durch politische Beschlüsse definierten Grenzwert, um nicht zu sagen: Standard.

Das Umweltgift Glyphosat beispielsweise war noch vor drei Jahren in der Öffentlichkeit völlig unbekannt. Heute weiß jeder, worum es geht. Frankreich hat es verboten, und Deutschland steht kurz davor. Möglich wurde das nur, weil Hunderttausende sagen: »Wir haben es satt!« und auf den gleichnamigen Demos nicht dabei sind.

Wann ist der Staat gefragt?

Es ist zurzeit sehr beliebt, über vermeintlich unfähige Politiker zu schimpfen. Auch die Mitarbeiter der Behörden müssen viel Kritik einstecken. In den USA geht das so weit, dass es heißt, der Staat solle sich möglichst raushalten. Er solle den Menschen keine Vorschriften machen. Wann ist der Staat, also wann sind Politik und Verwaltung, aufgefordert, sich einzumischen?

Immer dann, wenn Menschen sich selbst schaden, dann kann man über Hilfe nachdenken. Besonders deutlich wird das, wenn Mitmenschen sich selbst verletzen oder gar Selbstmord in Erwägung ziehen. Wer sagt da schon: »Muss jeder für sich selbst entscheiden.«

Klimahitze und Umweltgifte sind kollektive Selbstverletzungen der Menschheit. Die Entscheidung darüber darf man nicht den Einzelnen überlassen.

Es ist eben gerade die Errungenschaft der Demokratie, kollektive Probleme durch Gesellschaftsverträge zu lösen. Nur so sind Gesetze und Steuern zu verstehen. Es sind gemeinschaftliche Absprachen. Ohne Straßenverkehrsordnung und Ampeln herrschten Chaos und Anarchie auf den Straßen. Ohne Steuern keine Straßen. Und ohne Standards gibt es keine klimaneutralen Häuser und Autos. Ist doch eigentlich ganz einfach, oder?

Zwang?

Wenn ich einen Vortrag zur Ökoroutine halte, sagen die Moderatoren der Veranstaltung danach meist: »Sie wollen die Menschen also zwingen …« Eine andere Formulierung lautet: »Sie wollen also mehr Verbote.«

Das ist ein Reflex. Denn in keinem Vortrag verwende ich die Begriffe »Verbot« oder »Zwang«. Ich spreche ganz bewusst von Standards und Limits. Gewiss, dahinter stecken letztlich auch Gesetze. Denn die Politik kann eigentlich nur in Form von Gesetzen gestalten.

Aber warum ist der Begriff »Zwang« irreführend? Hierzu einige Überlegungen:

1. Wir bleiben bei Rot vor der Ampel stehen. Das wird nicht als Zwang empfunden, sondern als notwendige Vereinbarung.
2. Du kaufst eine Tüte Chips im Supermarkt und erwartest, dass darin keine Schadstoffe enthalten sind. Es gibt unzählige Gesetze und Normen, damit wir sichere Lebensmittel im Land vorfinden. Kein Verbraucher empfindet das als Zwang.
3. Es fing an mit den Zehn Geboten. Die Geschichte der Zivilisation ist eine einzige Geschichte der Entwicklung von Regeln.
4. Mir erscheinen viele Vorschriften im Brandschutz und für Hygiene übertrieben. Nicht jede Regel, jedes Gesetz ist notwendig.
5. Niemand zahlt Steuern aus Altruismus.
6. Gesellschaftsverträge wie die gesetzliche Rentenversicherung machen es überhaupt erst möglich, dass die Menschen im Alter ihre Freiheitsrechte ausüben können. »Zwang« schafft hier »Freiheit«.
7. Ohne Regulierung und Bundeskartellamt gäbe es keinen freien Markt, sondern nur noch Monopole.
8. Und wenn wir schon über Zwang reden: Millionen Bürgerinnen und Bürger wurden gezwungen, einen Parkplatz zu errichten, wenn sie ein Haus bauen. Bis heute zahlen Mieter dafür, auch wenn sie kein Auto haben. Die meisten neuen Straßen und Landebahnen wurden gegen massive Bürgerproteste errichtet.

Lasst euch also nicht verunsichern, wenn der Vorwurf kommt: »Das ist aber staatsautoritär! Wir können die Menschen doch nicht zwingen.« Doch, können wir.

Wir können uns durch gesellschaftliche Regeln selbst begrenzen. Eine ganz banale Form: Tempo 130 auf der Autobahn.

Kein Markt ohne Regel

Republikaner und Neoliberale behaupten stets, die Marktwirtschaft funktioniere am besten, wenn der Staat sich möglichst wenig einmischte. Doch ohne politische Regulierung funktioniert der Markt gar nicht.

Wäre der Markt wirklich frei und nicht politisch reguliert, gäbe es ihn bald nicht mehr. Schon Marx hat festgestellt, dass der Kapitalismus zum Oligopol neigt. Seit den 1990er-Jahren hat der Trend wieder deutlich zugenommen. In einigen Brachen dominieren wenige Großkonzerne den Markt, ganz extrem ist es etwa bei der Suchmaschine von Google.

Deswegen gibt es in allen Ländern Antikartellbehörden. Die Politik täte gut daran, dem Rat dieser Behörde zu folgen. Dennoch kommt es immer wieder vor, dass Minister per Erlass die Mahnung der Wettbewerbshüter übergehen. So war es zuletzt, als Edeka die Tengelmann-Kette übernahm.

Dass sich die Politik nicht in die Marktwirtschaft einmischen soll und damit am besten dem Gemeinwohl dient, ist Quatsch. Der freie Markt und Wettbewerb sind sehr effektiv, sie dienen jedoch nicht aus einer inneren Logik dem Wohle der Menschen. Die Politik muss die Richtung vorgeben. Das widerspricht auch überhaupt nicht dem Wettbewerb um beste Qualität und günstige Preise.

Christian Lindner und die Profis

20. 4. 2019. Ich habe mir jetzt mal auf Empfehlung eines Freundes die Klimadebatte bei Markus Lanz angeschaut (https://youtu.be/T3he_b7tsEQ), mit Christian Lindner, David Hasselhoff und Luisa Neubauer. Luisa hat die »Fridays for Future«-Bewegung vertreten.

Einstieg war der Tweet von Lindner, wonach man den Klimaschutz lieber den Profis überlassen solle. Nun stand der smarte Liberale unter Druck. Seit Wochen muss er sich dazu äußern, er war also bestens vorbereitet.

Er fände es toll, dass er so ehrlich seine Meinung äußere, und stehe auch zu diesem Tweet. Aber er sei halt missverstanden worden. Mit Profis seien nicht Politiker, sondern die Ingenieure gemeint. Die Techniker wüssten am besten, was zu tun sei.

Nur, wie soll man die Techniker dazu motivieren, sich um grüne

Christian Lindner ✔
@c_lindner

Folgen

Ich finde politisches Engagement von Schülerinnen und Schülern toll. Von Kindern und Jugendlichen kann man aber nicht erwarten, dass sie bereits alle globalen Zusammenhänge, das technisch Sinnvolle und das ökonomisch Machbare sehen. Das ist eine Sache für Profis. CL

01:59 - 10. März 2019

423 Retweets   3.553 „Gefällt mir"-Angaben

2,8 Tsd.   423   3,6 Tsd.

Profi Lindner weiß besser, was gut ist für Mensch und Umwelt – wohl dem Land, das solche Politiker hat ...

Innovationen zu bemühen? Von allein machen die das nicht. Tja, dazu sagt der Herr Lindner nichts.

Der FDP-Chef meint, ihm sei der Klimaschutz ganz wichtig. Aber die Regierung stelle sich zu dumm dabei an. Zu viel Planwirtschaft! Wir bräuchten clevere Instrumente. Welche? Das sagt er nicht. Er erwähnt nicht einmal die CO_2-Steuer, um sich nicht unbeliebt zu machen. Dabei ist immer wieder zu hören, dass die FDP zumindest diesen Ansatz begrüßt.

Stattdessen sagt er mindestens viermal, die Grünen wollten nur noch drei Flüge pro Person zulassen. Das ist gelogen. Lindner schimpft immer wieder über die Verbotspartei. Mehrfach spricht er von Planwirtschaft, als sei politische Steuerung Kommunismus.

Ja, die Fliegerei heizt den Planeten auf. Das sieht Lindner ein. Wie möchte er nun das Problem »clever« angehen? Ganz im Ernst: Wasserstoffflugzeuge. Das ist seine Lösung.

Erstens: Er sagt nicht, wie sich sein »Konzept« in nächster Zeit politisch auf den Weg bringen lässt.

Zweitens: Bei der Erzeugung und der Verwendung von Wasserstoff braucht man extrem viel Energie. Notwendig dafür wäre Strom aus erneuerbaren Energien. Deren Anteil bei der Stromerzeugung liegt gerade bei knapp 40 Prozent. Bis zu 100 Prozent ist es noch ein beschwerlicher Weg. Darüber hinaus müssten dann in einem kaum vorstellbaren Ausmaß weitere Solarfelder und Windparks installiert werden, um nur einen Teil des benötigten Wasserstoffs zu erzeugen.

Es erfüllt mich mit großer Sorge, wenn sich intelligente Menschen wie Christian Lindner mit so unfassbar naiven Vorschlägen brüsten. Ob er selbst daran glaubt? Oder ist er einfach verschlagen? Das weiß man nicht.

Das sind so Momente, da zieht sich der optimistische Teil in mir zurück. Und mich überkommen große Zweifel.

Es dauert dann eine Weile, bis ich mich wieder aufgerappelt habe. Es geht alles viel zu langsam voran, weil die Lindners dieser Welt auf die Bremse treten. Wie geht man damit um? Weitermachen! Das ist immer noch besser, als aufzugeben.

Halbe Wahrheit oder Lüge?

Christian Lindner bezeichnet die Grünen als Verbotspartei. Sie wollten zum Beispiel nur noch drei Flüge pro Person erlauben, sagt er. Ist das gelogen oder nur die halbe Wahrheit?

Lindner bezieht sich auf den grünen Bundestagsabgeordneten Dieter Janecek. Dieser meinte, man müsse darüber nachdenken, die Zahl der internationalen Flugreisen auf drei Hin- und Rückflüge pro Jahr und Person zu deckeln. Wer mehr fliegen wolle oder müsse, könne sich solche Flugrechte oder »Zertifikate« von anderen Bürgern kaufen, die welche erübrigen können.

Das ist jetzt nicht wirklich ein Verbot, sondern eine marktwirtschaftliche Lösung für ein Megaproblem. Damit ist es doch eigentlich ein Ansatz, den die FDP sehr begrüßen müsste, oder? Eine Lösung, die die hohen Umweltkosten einbezieht, wie der Emissionshandel.

Auf der FDP-Webseite heißt es zumindest, man wolle »den Emissionshandel verstärken und auf die Sektoren Wärme und Verkehr ausweiten«.

Doch dazu schweigt Lindner in der Diskussion bei Markus Lanz. Stattdessen sagt er zum Vorschlag von Janecek auf seiner Facebook-Seite: »Wer Flugreisen rationiert, zeigt das alte Gesicht einer Verbotspartei.« Daraufhin heißt es bei der »Bild«-Zeitung »Neuer Bevormundungs-Anfall bei den Grünen«.

Völlig zu Recht fordert Luisa Neubauer bei Markus Lanz, Politiker sollten sich nicht nur streiten, sondern Lösungen präsentieren. Lindner und die »Bild«-Zeitung wissen offenbar, was sie nicht wollen. Aber wie wollen sie das Problem lösen? Ach ja, Wasserstoffflugzeuge. Einen realistischen Vorschlag macht man lieber nicht.[84]

Angurten ist Routine

Ich erinnere mich noch gut daran, wie mein Vater beim Autofahren das erste Mal den Gurt angelegt hat. Da kam uns ein Polizeiauto entgegen. Zu der Zeit war ich 13 Jahre alt. Inzwischen ist Anschnallen für meinen Vater zur Routine geworden.

Wer sich für Reformen einsetzt, hat viele Gegner. So erging es auch den Befürwortern der lebensrettenden Gurtpflicht. Millionen Bundesbürger reagierten geradezu hysterisch auf die neue Vorgabe im Jahr 1976. Sie fürchteten um ihre Freiheit.

Reporter hielten an Tankstellen Autofahrern – die meisten benutzten keinen Gurt – ein Mikrofon unter die Nase und fragten nach den Gründen für die Verweigerungshaltung. Da gab es viele: »Ich wohne auf dem Land«, »Ich fahre sicher«, »Ich hab's gerade eilig« oder »Das lasse ich mir nicht vorschreiben.«

Die meisten konnten sich auch gar nicht anschnallen: Es waren keine Gurte installiert. In vielen Ländern waren Gurte bereits Standard. Selbst in der DDR waren die Gurte seit 1970 in neuen Trabis Pflicht. Die Bundesregierung wagte sich aus Furcht vor Proteststürmen zunächst nicht an ein Gesetz.

Polizei und Prominente appellierten an die Vernunft der Autofah-

Der Gurt ist heute Routine, über die wir nicht mehr nachdenken.
Mitte der 1970er-Jahre reagierten die Deutschen noch hysterisch
auf das Gebot. Zum Durchbruch verhalf erst die Einführung
einer Geldbuße. Schon in den ersten Jahren danach verringerte sich
die Zahl der Verkehrstoten um Tausende.

rerinnen. Eine Kampagne der Regierung, die helfen sollte, Vorurteile
anzubauen, setzte auf diesen Slogan: »Klick – Erst gurten, dann star-
ten«.

Doch am Bewusstsein hat es gar nicht gehapert. Dass der Gurt helfen konnte, darüber war sich eine große Mehrheit einig. Rund 90 Prozent hielten ihn »für ein notwendiges, da sinnvolles aktives Rückhalte-
system«, ergab damals eine Umfrage. Gegen eine Pflicht zum Einbau
hatten zwei Drittel der Befragten nichts einzuwenden.[85]

Neben der Empörung rumorten Gerüchte und Vorurteile, auch
von den Medien forciert. Der »Spiegel« titelte 1975: »Gefesselt ans
Auto«. Man befürchtete, bei Unfällen im Auto zu verbrennen oder zu
ertrinken, da man sich nicht schnell genug befreien könne.

Erst 1984 wurde das unangeschnallte Autofahren unter Strafe ge-
stellt. Damaliges Bußgeld: 40 D-Mark. Die Gurtquote stieg rasch auf
90 Prozent.

Heute beklagt sich niemand mehr über den krassen Eingriff in die persönlichen Freiheitsrechte. Man hat das, von dem alle wussten, dass es das Richtige ist, zum Standard gemacht.

Heute ist es wie damals: Eine Mischung aus Empörung und Vorurteilen macht Reformen beschwerlich. Politiker sind mutlos, machen sich zum Sprachrohr von Konzernbossen und Gewerkschaften.

Doch es gibt sie, die Reformer: Entscheidungsträger in Politik, Wirtschaft und Verwaltung, die für moderate Motorisierung, weniger Autos und enkeltaugliche Mobilität kämpfen. Diese Menschen brauchen unsere Unterstützung. Sie brauchen dich!

Freispruch für den Widerstand

Im Fokus der Ökoroutine stehen Standards und Limits. Mit Standards, so die These, kann eine artgerechte Tierhaltung zur europäischen Selbstverständlichkeit werden. Mit anderen Worten: Bio für alle! Viele Gespräche mit Landwirten haben mir gezeigt, das wäre kein Problem. Wichtig ist den Bauern nur, dass alle Konkurrenten in der Union sich daran halten müssen.

Schon heute gibt es unzählige Vorgaben aus Brüssel. Standards sind der Normalfall. Sie sind auch deutlich strenger geworden über die letzten 20 Jahre.

Was aber, wenn die zuständigen Kontrollbehörden systematisch weggucken? So geschehen etwa bei den Schadstoffemissionen von Autos. Hier ist die Deutsche Umwelthilfe aktiv geworden und hat – letztlich mit einigen simplen Tests – einen Sturm der Entrüstung ausgelöst. »Dieselgate« ist ein historisches Ereignis in der Umweltpolitik.

In der Landwirtschaft gibt es offenbar ähnliche Fälle, so etwa in Sachsen-Anhalt. Hier haben die Veterinärämter dauerhaft beide Augen zugedrückt. Tierschutzaktivisten hatten diese mehrmals vergeblich auf die erbärmlichen Zustände in den Ställen aufmerksam gemacht. Mit dem Mut der Verzweiflung verschafften sie sich in der Nacht Zutritt und machten Videoaufnahmen. Hausfriedensbruch nennt man das. Die Bilder überraschen zwar niemanden mehr, jedoch kamen die Kontrolleure jetzt in Zugzwang. Sie mussten handeln.

Überraschend ist das Urteil des Landesgerichts. Freispruch für die Tierschutzaktivisten! Wenn Veterinärämter und andere Einrichtungen der Landkreise ihrer Arbeit nicht nachkämen, dann sei »das Engagement des einzelnen Bürgers gefragt«, erklärte der vorsitzende Richter wörtlich. Wenn der Staat dermaßen versage wie hier beim Durchsetzen geltenden Rechts, müsse er sich diese Einmischung von Bürgern gefallen lassen. Die juristische Begründung dafür heißt: Rechtfertigung durch ein überwiegendes anderes Schutzgut. Der Hausfriedensbruch ist dadurch legitimiert. Ein Freispruch für den Widerstand.

Das Urteil überrascht mich. Denn in den zurückliegenden Fällen gab es zumeist Schuldsprüche. Ich hoffe sehr, dass auch weitere Gerichte im Zweifel für ungehorsame Bürger entscheiden, wenn ihr Engagement letztlich nur auf die Einhaltung von gesetzlichen Mindeststandards abzielt. Wenn man bedenkt, dass die Steuerbehörden auch illegal CDs erworben haben, um Betrüger aufzuspüren, ist das auch vollkommen in Ordnung.

Das Beispiel zeigt aber noch mehr. Eine häufige Rückfrage zu meinen Vorträgen lautet: »Was helfen all die Standards, wenn sie nicht eingehalten werden?« Gewiss, VW hat betrogen, und nicht wenige Landwirte missachten Vorgaben. Doch ohne Standards gäbe es nichts zu beklagen. Abgasmessungen und Skandalvideos würden effektlos verpuffen. Standards sind daher für engagierte Mitbürgerinnen ein wichtiger Hebel.

Neben guten Kontrollen sind zudem abschreckende Bußgelder angebracht. Wenn im Zweifelsfall das Bußgeld extrem hoch ist, werden sich Landwirte gut überlegen, ob sie deutlich mehr Gülle als gesetzlich erlaubt auf ihren Flächen austragen.

Über alledem ist relevant, wer für die Aufsicht der Tierfabriken und Agrarflächen zuständig ist. In Niedersachsen hatte man den Bock zum Gärtner gemacht. Die Kontrolleure waren der Landwirtschaftskammer zugeordnet, also der Selbstverwaltungsorganisation der Agrarwirtschaft. Der ehemalige Landwirtschaftsminister, Christian Meyer, hat dafür gesorgt, dass nun die Verbraucherschützer zuständig sind.[86]

Wahlkampf, Demokratie, Lobbyismus

Wahlkampf ist für die Parteien ein Kraftakt. Damit der funktioniert, ist viel praktische Unterstützung seitens der Basis notwendig: Plakate kleben, aufstellen, nachkleben, reparieren und abbauen. Zu den leichten Jobs gehört es auch, Flyer in Briefkästen zu stecken.

Doch die wirkliche Herausforderung liegt im Wahlkampf auf der Straße. Ein Selbstversuch ist empfehlenswert. Stellen Sie sich einmal in die Fußgängerzone und helfen einer Partei beim Gespräch mit den Bürgern.

Das ist keine angenehme Erfahrung. Zum Informationsstand kommen eigentlich fast nur Verwirrte, Besserwisser und Leute, die endlich mal ihren Unmut loswerden wollen. Um normale Menschen zu erreichen, muss man auf diese zugehen. Dabei trifft man dann auf interessierte Menschen, es ergeben sich Gespräche. Doch häufig verziehen Passanten angewidert das Gesicht. Es scheint mittlerweile zu nerven, wenn sich Menschen für eine Partei und die Demokratie engagieren, ganz unabhängig von der Farbe. Eine sehr verbreitete Reaktion lautet: »Ich gehe nicht wählen.« Fast schon stolz klingt das. Rückhalt bekommen sie von Berichterstattern, die »Nichtwähler« als Partei bezeichnen.

Ganz offenkundig ist das Wahlvolk verwöhnt. Dass unsere Demokratie eine fantastische Errungenschaft und ein Leben in Frieden zur Selbstverständlichkeit geworden ist, findet kaum noch Wertschätzung. Führt ein nie da gewesener Wohlstand letztlich zur Krise der Demokratie?

Reaktionäre, rassistische und nationalistische Parteien erhalten viel Zulauf. Verursacht wird dieses internationale Phänomen nicht zuletzt durch ein Glaubwürdigkeitsproblem. Die Entscheidungsträger in Politik, Konzernen und Verbänden werden als eine Gemengelage wahrgenommen: »Die da oben, wir da unten.« Berichte in den Medien weisen zusammen mit den Analysen der Organisation Lobbycontrol unermüdlich darauf hin, dass die Nähe zu Wirtschaftsbossen wesentlich größer ist als zum Wahlvolk.

Der Wutbürger ist gefürchtet, aber er erhebt sich nur selten und meist aus persönlicher Betroffenheit. Groß angelegte Kampagnen wie etwa gegen das geplante Handelsabkommen TTIP werden von »denen da oben« als ärgerlich empfunden. Es handelt sich jedoch nur um einen Fisch im Meer der wöchentlichen Entscheidungen.

Das Engagement gegen TTIP war für die Bewegungen ein Kraftakt. Währenddessen scheiterten zahllose Reformversuche, etwa um eine Agrarwende herbeizuführen. Die industrielle Produktionsroutine in der Landwirtschaft wird von den Bauernverbänden und vielen Politikern erbittert verteidigt.

Die nationalistischen Bewegungen stellen die Demokratie vor eine Belastungsprobe. Auch in Deutschland erschwert die vermeintliche Alternative für Deutschland das Regieren. Die etablierten Parteien verlieren an Stimmen, heraus kommt immer häufiger eine Große Koalition. Diese Regierungsform verstärkt wiederum den Eindruck vom verfilzten Politikapparat. Um dem Populismus entgegenzuwirken, werden verschiedene Strategien diskutiert.

Maßgeblich ist eine strikte Trennung zwischen Politik und Lobbyismus. Jedweder Kontakt zwischen einem Mandatsträger und vermeintlichen Experten sollte öffentlich stattfinden. Das gibt es bereits in Form von Anhörungen. Auch Kleingespräche könnten protokolliert werden oder in einem transparenten Rahmen stattfinden.

Zumindest gilt es, die Forderungen von Lobbycontrol nach mehr Transparenz umzusetzen. Den Wählerinnen und Wählern signalisiert man so klar: Es gibt keine Mauscheleien. Das redliche Engagement der Politiker wird so auch wieder mehr Anerkennung erfahren.

Klimaschutz für »Gelbwesten«

Dienstag, 4. Dezember 2018. In Frankreich toben die Proteste der »Gelbwesten« gegen die Regierung von Präsident Emmanuel Macron. Die gab sich knallhart, bis jetzt. Nun wird die geplante Steuererhöhung auf Benzin und Diesel für sechs Monate ausgesetzt. »Keine Steuer ist es wert, die Einheit der Nation zu gefährden«, sagte Macrons Premierminister Édouard Philippe in einer Fernsehansprache. Am Mittwoch hat Macron das Moratorium bis Ende 2019 verlängert.

Die Steuer sollte die zukunftsfähige Entwicklung Frankreichs mitfinanzieren. Beispielsweise wollte man den Kauf von sparsamen Autos unterstützen. Seit Beginn des Jahres sind die Steuern auf die Kraftstoffe in Frankreich stark gestiegen. Der Liter Diesel oder Benzin kostet an einigen Tankstellen fast zwei Euro. Es sind offenbar nicht nur die Deutschen, denen ihr Auto wichtig ist.

Ich erinnere mich noch gut daran, als 1999 die Ökosteuer eingeführt wurde. Es kam zu einem wütenden Proteststurm gegen die Extrasteuer auf Sprit. Dabei ging es im ersten Jahr nur um drei Cent pro Liter. Das wäre selbst für Menschen mit kleinem Portemonnaie kein Problem gewesen.

Doch zugleich stieg der Ölpreis auf dem internationalen Markt, und das machte sich tatsächlich deutlich an der Zapfsäule bemerkbar. Darüber hat man nicht diskutiert, aber über die Ökosteuer. Angela Merkel selbst stellte sich pressetauglich vor eine Tankstelle und wetterte gegen die angeblich sozial ungerechte Ökosteuer.

Die Krawalle in Frankreich richten sich zwar an der Oberfläche gegen Klimaschutz, eigentlich geht es aber um soziale Gerechtigkeit. Die vorerst abgesagte Anhebung der Ökosteuer auf Diesel und Benzin hätte arme Menschen viel härter getroffen als reiche. Es gibt bessere Wege, den Planeten zu retten.

Das war reiner Populismus. Zum einen hatte sie kurz zuvor in ihrer Rolle als Umweltministerin selbst noch die Einführung der Ökosteuer gefordert, zum anderen wusste Merkel natürlich genau, dass das eigentliche Problem der Ölpreis auf dem Weltmarkt war.

CO_2-Steuer trifft Menschen mit kleinem Einkommen hart *(vgl. G 186)*

In Deutschland wird immer häufiger eine CO_2-Steuer gefordert. An sich ist das sehr begrüßenswert, aber man muss sich klarmachen, dass die Menschen darauf sehr sensibel reagieren, wie durch den Protest der »Gelbwesten« in Frankreich deutlich wird. Ein Kernproblem der Steuer ist, dass sie einkommensarme Menschen am härtesten trifft.

Ein höherer Benzinpreis ist für den Porsche-Cayenne-Fahrer kein Problem. Bedürftige Menschen fühlen sich stark eingeschränkt und müssen bei anderen Dingen sparen oder gar den Wagen stehen lassen. Da kann man sagen: »Ja, genau das soll ja auch geschehen, dass die Menschen ihren Wagen stehen lassen und zum Beispiel Bus und Bahn nutzen.«

Aber die Bürgerinnen und Bürger wollen sich fair behandelt fühlen, und wenn sie den Eindruck haben, ein Teil der Gesellschaft müsse keinen Beitrag leisten zum Klimaschutz, dann ist immer mit Protesten zu rechnen. Das haben wir schon bei den steigenden Strompreisen erlebt. Polemisch hieß es, arme Haushalte würden mit ihren hohen Stromkosten die Solaranlage von Zahnärzten finanzieren. Die Energiewende sei sozial ungerecht.

Hinzu kommt, dass einkommensarme Menschen den geringsten Energieverbrauch haben. Es ist erwiesen: Mit zunehmendem Einkommen steigt der Ressourcenverbrauch. Kein Wunder, Gutverdiener haben größere Wohnungen, mehr Geräte, größere Kühlschränke und Autos. Man muss auch kein Spitzenverdiener sein, um sich eine Sauna im Keller leisten zu können.

Höhere Standards und Limits für alle sind fairer

Deswegen plädiere ich mit meinem Konzept der Ökoroutine für höhere Standards und Limits. Die sind besonders fair, weil alle Gesellschaftsschichten gleichermaßen davon betroffen sind. Nehmen wir zum Beispiel das Tempolimit, daran muss sich der Angeber in seinem 350-PS-SUV genauso halten wie jemand im Renault Twingo.

Den Abschied vom Verbrennungsmotor hat die Europäische Union bereits durch steigende Emissionsstandards eingeleitet. Ab dem Jahr 2021 darf die Flotte eines Herstellers im Mittel nur noch 95 Gramm CO_2 pro Kilometer freisetzen. Diese Vorgabe wird schrittweise auf 60 Gramm verschärft bis zum Jahr 2030 – immer noch zu viel, aber immerhin ein Fahrplan.

Bis zum Nullemissionsauto ist es dann nicht mehr weit. Wie die Industrie das hinbekommt, kann man getrost den Ingenieuren überlassen. Die Politik gibt nur die Innovationsrichtung vor.

Das ist wesentlich fairer als steigende Benzinpreise. Diese sollen das Verhalten beeinflussen, aber wer genug Kohle hat, dem ist das egal. Einkommensarme hingegen müssen ihren Wagen womöglich stehen lassen. Der Fahrplan mit steigenden Standards vermeidet diesen Effekt.

Wie steht es um die Limits? Beispielsweise schlage ich vor, den Straßenbau zu stoppen – also zu begrenzen – ebenso wie Starts und Landungen auf Flughäfen. Bei einem Vortrag meint dazu einer: »Aber das ist doch ungerecht! Da können die Armen dann ja gar nicht mehr fliegen!«

Ach, ist das so? Zunächst einmal ist gar nicht sicher, dass Fliegen teurer wird. Denn die Nachfrage ist ja nur so rasant gestiegen, weil es extrem billig ist. Aber gut, nehmen wir einmal an, es wollen von Jahr zu Jahr mehr Menschen in den Süden jetten. Wenn der Flugverkehr nun durch ein Limit nicht wachsen kann, steigt der Preis.

Dann kostet »Malle für alle« womöglich nicht nur 29 Euro, sondern 49 Euro. Ich meine, das wäre okay. Und ganz sicher lässt sich das Limit politisch leichter durchsetzen als eine Kerosinsteuer – und es ist auch viel effektiver. Denn ob die Menschen wegen der Steuer tatsächlich die Fliegerei einschränken, ist ungewiss.

Die klimaschädliche Expansion des Flugverkehrs lässt sich ganz einfach begrenzen durch Untätigkeit. Wenn die Deutsche Flugsicherung keine weiteren Lizenzen für Starts und Landungen vergibt, wenn München, Hamburg und Frankfurt ihre Flughäfen nicht erweitern, wird das Limit automatisch erreicht.

Ich bin mir sicher, dass auch die »Gelbwesten« in Frankreich mit großer Mehrheit den Klimaschutz befürworten. Und ich bin davon überzeugt, dass es in Berlin keine Massenproteste geben wird, wenn die EU-Kommission den CO_2-Standard für die Automobilproduktion weiter anhebt.

Klimaschutz könnte sehr viel einfacher sein, wenn wir uns davon verabschieden, dass allein die Konsumenten das Problem lösen sollen. Höhere Steuern nehmen nur die Verbraucher in die Verantwortung. Doch die Klimakrise ist ein kollektives Problem, es lässt sich nicht auf individueller Ebene lösen.

Es ist wichtiger, die Produktion zu verändern statt den Konsum. Und es wird als gerechter empfunden.

Waldoptionen

Bäume benötigen für ihr Wachstum Kohlendioxid. Der Wald, der nicht abgeholzt wird, dient daher dem Klimaschutz. In Deutschland ist das kein Thema, der Waldbestand ist stabil. Aber in den Tropen und Subtropen wird ohne Unterlass geholzt und verbrannt.

Bisher äußern sich die Politiker aus Deutschland und der Europäischen Union nur mit moralischen Appellen zu dem Thema. Doch was die Schwellen- und Entwicklungsländer benötigen, ist Geld, wenn sie darauf verzichten sollen, die Wälder als Rohstoff zu verkaufen. Und sie benötigen noch mehr Geld für ein Aufforstungsprogramm.

Diese sogenannten Waldoptionen sind eine unterschätzte Forderung. Sie haben das Potenzial, die Klimahitze maßgeblich zu lindern. Ein globales Aufforstungsprogramm würde 20 Jahre lang jährlich etwa 130 Milliarden Dollar kosten; zusätzlich müssten den betrof-

KLIMAFAKTEN

SCHON GEWUSST?

Weltweites Baum-Potenzial

0 Prozent   100 Prozent

MIT 1,6 MILLIARDEN HEKTAR NEUEM WALD KÖNNTE DIE KLIMAKRISE VERHINDERT WERDEN.
(Crowther Lab / ETH Zürich)

DIE GRÜNEN
TIROL.GRUENE.AT

Vielleicht ist es die letzte Chance, um eine Heißzeit zu verhindern: ein gewaltiges internationales Aufforstungsprogramm.

fenen Ländern für ihren Ertragsausfall durch den Regenwalderhalt jährlich etwa 50 Milliarden Dollar erstattet werden. Der deutsche Beitrag betrüge entsprechend dem prozentualen Anteil am Welt-BIP jährlich etwa neun Milliarden Dollar.

Können wir das schaffen? Die Bundesregierung setzt sich bereits auf der internationalen Bühne dafür ein und hat die »Bonn Challenge« angeschoben, ein globales Projekt zur Renaturierung entwaldeter Flächen. Bei der Gründung im Jahr 2011 hätte es keiner für möglich gehalten, aber inzwischen gibt es die Zusage, dass insgesamt 150 Millionen Hektar zerstörter Wald wieder »repariert« werden sollen.

Wer sagt, das ist zu teuer, sollte bedenken, dass allein die Hurrikane in der Karibik im Jahr 2017 Schäden in Höhe von 320 Milliarden Dollar verursacht haben. Nichts zu tun, also nicht in die Aufforstung zu investieren, wird die Menschheit also deutlich teurer zu stehen kommen.

Eliten vor!

Das Bildungsniveau in Deutschland ist beeindruckend. Die Anzahl der Studierenden nimmt Jahr für Jahr zu, ebenso die fachliche Spezialisierung. Kein Wunder, das Wissen wächst beständig. Nun wird zwar viel gejammert über die Qualität der Ausbildung an Schulen und Universitäten. Fakt ist jedoch auch, dass Deutschland ein Land der Ingenieure ist. Top ausgebildete Spezialisten, die kontinuierlich Innovationen hervorbringen und mit höchster Präzision fertigen, auf den hundertsten Millimeter genau. Ebenso beeindruckend ist die Forschungslandschaft, nicht zuletzt bei den Geistes- und Sozialwissenschaften.

Es ist gerade diese Bildungs- und Forschungselite, von der man erwarten würde, dass sie erheblichen Einfluss auf die zukünftige Entwicklung unserer Republik nimmt. Und das geschieht nun mal vorwiegend im politischen Raum. Doch nein, eher könnte man den Eindruck gewinnen, die spitzenmäßig qualifizierten Bürgerinnen und Bürger sind sich zu schade für die Politik.

Meinhard Miegel weist in seinem monatlichen Blog völlig zu Recht darauf hin. Sicher, in der Politik werden Fehler gemacht, doch wohl kaum mehr als im Lebensalltag der Nichtpolitiker. Der wesentliche Unterschied ist, so Miegel, dass in der Politik jede Schwäche mit einer Härte und Häme gebrandmarkt wird, die in anderen Bereichen als maßlos und unanständig gelten würde. Wen soll es da wundern, dass sich viele sagen: »Das tue ich mir nicht an.«

Dass sich die Bildungseliten zu fein sind für die Politik, beschäftigt mich schon eine Weile. Das Konzept der Ökoroutine lässt sich nur mit einer engagierten Öffentlichkeit realisieren. Deswegen weise ich zum Ende meiner Vorträge immer eindringlich darauf hin.

Die Potenziale sind enorm, wie etwa die Proteste gegen TTIP gezeigt haben. Und letztlich geht es auch nicht darum, dass nun alle schlauen Leute Politiker werden. Wichtig ist es, dass sie politischer werden und sich als Teil der Demokratie wahrnehmen. Dazu gehört es auch mitzudiskutieren, auch wenn es nicht um die eigenen Interessen direkt vor der eigenen Haustür geht.

Wenn sich beispielsweise die Zustände in der Agrarwirtschaft ändern sollen, reicht es eben nicht, wenn Bildungsbürger und Ökos im Bioladen einkaufen. Sie sollten für ihre Interessen auch auf die Straße gehen und vielleicht gelegentlich an einer Mitgliederversammlung einer Partei teilnehmen oder an den Ratssitzungen ihrer Gemeinde. Dort investieren engagierte Bürgerinnen, denen die Zukunft nicht gleichgültig ist, jede Woche viele Stunden ihrer Freizeit. In einer Demokratie geht es nicht nur darum, sich selbst zu verwirklichen. Statt über Politiker zu schimpfen, sollte sich die intellektuelle Elite unseres Landes einmischen.

Selbstwirksamkeit

2. Mai 2019. Ich habe das Tretlager meines Fahrrads ausgetauscht. Davor hatte ich viel Respekt, schließlich kann man, wenn es schiefläuft, mehr Schaden anrichten als Nutzen. Mithilfe eines Anleitungsvideos habe ich es dann geschafft.

Noch einige Tage später habe ich immer wieder beim Radeln an dieses Gelingen gedacht. Es hat mich richtig gefreut, dass ich das selbst hinbekommen habe. Dieses Gefühl nennen Psychologen »Selbstwirksamkeit«.

Untersuchungen zeigen, dass Personen mit einem starken Glauben an die eigene Kompetenz größere Ausdauer bei der Bewältigung von Aufgaben, eine niedrigere Anfälligkeit für Angststörungen und Depressionen und mehr Erfolge in Ausbildung und Berufsleben aufweisen.[87]

Vereinfacht gesagt: Wenn man ein Problem lediglich betrachtet, macht das schlechte Laune. Wenn ich selbst etwas unternehme, um es zu lösen, wird die Laune automatisch gut. Entscheidend ist nicht einmal, ob das Problem anschließend tatsächlich und vollständig gelöst ist, nachdem man etwas getan hat. Es genügt schon das Gefühl, etwas bewirkt zu haben.

Wenn Sie beispielsweise an einer Demonstration teilnehmen, kann sich mit gutem Recht die Empfindung einstellen, Einfluss auf die Dinge und die Welt zu nehmen. Ihre Teilnahme verändert nicht gleich die Regierungspolitik. Aber Sie haben etwas getan. Und das fühlt sich einfach besser an.

Auf Demonstrationen erlebe ich immer wieder, dass ganze Freundes- und Bekanntenkreise zusammen dabei sind. Die haben dann einen riesigen Spaß, quatschen, witzeln, gehen essen, machen abends Party. Das kommt dann als positiver Effekt noch hinzu. Gemeinschaften sind ein extrem wichtiger Glücksfaktor!

Unternehmer kriegen den Arsch hoch

Einmal habe ich einen Vortrag im Rahmen der Generalvollversammlung von Edeka Nord gehalten. Dabei kam die Frage auf, was die Händler in den Geschäften und die Bosse in der Konzernzentrale tun müssten, damit sich die Verhältnisse ändern.

Meine Antwort: »Mir ist völlig klar, dass ein Filialleiter bei Edeka frei über sein Angebot entscheiden kann. In manchen Geschäften kann man das gut sehen, in denen gibt es Bioprodukte in ganz breiter Auswahl. Viele bieten auch Lebensmittel aus der Region an, die tatsächlich nicht weit transportiert wurden. Aber wenn die Kundschaft nicht interessiert ist, hilft das beste Angebot nichts.«

Es gibt sogar Unternehmen, die fordern ihre Mitarbeiter dazu auf, an Demonstrationen teilzunehmen. So war es zum Beispiel bei der Biobrauerei »Neumarkter Lammsbräu«. Nicht zuletzt auf Anregung der Geschäftsführung nahmen Mitarbeiter an der Demo »Wir haben es satt!« in Berlin teil.

Unternehmer fordern mehr Klimaschutz

22. März 2019. Seit Monaten streiken Tausende Kinder und Jugendliche jeden Freitag. Sie gehen auf die Straße anstatt in die Schule, um wirksamen Klimaschutz zu fordern. Die »Fridays for Future«-Bewegung der Schüler und Studierenden findet viel Unterstützung – von Wissenschaftlern (»Scientists for Future«), von Eltern (»Parents for Future«), auch von Lehrern (»Teachers for Future«) und Bauern (»Far-

mers for Future«). Nun ist auch eine Gruppe von Unternehmern dazugekommen.

Unter dem Namen »Entrepreneurs for Future« rufen mehr als 300 Unternehmen dazu auf, den Klima- und Umweltschutz schneller voranzutreiben. Einen Monat später hat sich die Zahl der Unterstützer schon auf über 800 erhöht.

Es ist nicht das erste Mal, dass Unternehmen für mehr Klimaschutz eintreten. Im November 2017 beispielsweise, während in Berlin über eine mögliche Jamaika-Koalition verhandelt wird, forderte die »Stiftung 2 Grad – Deutsche Unternehmer für den Klimaschutz« von den Verhandlern einen schnelleren Kohleausstieg und einen konsequenten Einstieg in die Verkehrswende.

»Wir sind bereit, unseren Anteil am Klimaschutz zu leisten«, erklärten mehr als 50 Unternehmen. Zu den Unterstützern der Stiftung zählten bekannte Firmen wie die Deutsche Bahn.

Dieser Appell zeigt einmal mehr: Es gibt Unternehmer, die durchaus bereit sind, etwas für Klimaschutz und Artenvielfalt zu tun. Allein können sie es aber nicht machen. Sie müssen sicher sein, dass die Konkurrenten dieselben Vorgaben haben.

Manager fordern radikalere Vorgaben der Politik

Wettbewerb ist eine gute Sache, doch entscheidend sind Spielregeln. Wie jeder Fußballfan weiß, gäbe es ohne klare Regeln, Schiedsrichter, Rote und Gelbe Karten ein Hauen und Stechen und wohl kein ansehnliches Spiel, weder für die Zuschauer noch für die Akteure auf dem Feld. Aber selbst der härteste Konkurrenzkampf kann ökologisch tragfähig und für unsere Enkel dienlich sein, wenn die Richtung vorgegeben ist.

In vielen Unternehmen haben die Verantwortlichen das bereits erkannt. Längst nicht mehr nur hinter vorgehaltener Hand fordern sie einen strengeren Ordnungsrahmen, um beim Thema Nachhaltigkeit voranzukommen.

Es klingt fast unglaublich, aber acht von zehn Managern aus der Wirtschaft wünschen sich »radikalere Vorgaben von der Politik«, ergab eine Umfrage der Vereinten Nationen und der Unternehmensberatung Accenture unter 1.000 Konzernchefs aus 100 Ländern. Damit die Idee der Nachhaltigkeit nicht nur auf sporadische Fortschritte beschränkt bleibt, sondern sich zu einem kollektiven Transformationsprozess entwickelt, braucht es nach Überzeugung der Manager klare ordnungspolitische Entscheidungen auf globaler, nationaler und lokaler Ebene.[88]

Bei der »Ökodesign-Richtlinie« der Europäischen Union gelingt dies recht gut. Seit 2009 gibt die EU über diese Richtlinie Anforderungen an die umweltgerechte Gestaltung elektrischer Geräte vor. Als kürzlich neue Standards für die Effizienz und Haltbarkeit von Staubsaugern ausgearbeitet wurden, waren Vertreter von Umweltinstituten, Industrieverbänden, der EU-Kommission und den betroffenen Unternehmen wie Hoover, Vorwerk, Miele und Bosch-Siemens beteiligt. Einige wollten ambitionierte Vorgaben, andere besonders hohe Standards. »Die Industrie beklagt sich nicht«, stellte die »FAZ« fest.[89]

Im Gegenteil, die Unternehmen können gut damit leben, dass Standards fortlaufend verbessert werden. Unterm Strich profitieren sie von dem Anreiz, ihre Produkte kontinuierlich verbraucher- und umweltfreundlicher zu machen.

Gleichheit für den Klimaschutz

Die Industriestaaten sind schuld an der Klimahitze. Das heißt mit einem anderen Wort: wir. Deswegen müssen wir auch zeigen, wie man leben und wirtschaften kann, ohne den Planeten weiter aufzuheizen. Das sind wir den kleinen Inselstaaten und vielen Ländern etwa in Afrika schuldig. Es geht also um Gerechtigkeit zwischen Staaten.

Wichtig ist aber auch die Gerechtigkeit innerhalb von Staaten. Klimaschutzpolitik wird in Deutschland nur erfolgreich sein, wenn sich die Menschen gut aufgehoben fühlen. Wer unzufrieden ist, wird politischen Bestrebungen für ein abstraktes Thema wie den Klimaschutz eher ablehnend gegenüberstehen.

Niedriglöhne und Zeitarbeit haben kontinuierlich zugenommen und ein Gefühl der Unsicherheit ausgelöst. Kaum jemand unter den

So etwas dürfte es in einem reichen Land wie Deutschland eigentlich nicht geben, ist aber Realität. Wer arm ist, hat häufig andere Sorgen als Klimaschutz.

Geringverdienern neigt in Anbetracht der Veränderungen im Gesundheits- und Rentensystem noch zu Optimismus. Die Millionengehälter von Managern und Investmentbankern empören die »Unterschicht«.

All das wird beschönigend als »Leistungsgerechtigkeit« bezeichnet. Das ist ein irreführender Begriff, der wohl kaum belegen kann, dass ein Manager 200-mal effektiver arbeitet als ein Angestellter. Der anschwellende Zorn über ungleiche Verhältnisse richtet sich dann oft gegen Flüchtlinge, die vor allem mit den ärmeren Bürgern um Unterstützung und Arbeit konkurrieren.

Öko kann nur zur Routine werden, wenn Menschen mit geringem Einkommen mehr verdienen, wenn die Besserverdiener wieder so viel Steuern zahlen wie noch in den 1990er-Jahren und wenn die Reichen stärker zur Kasse gebeten werden. Es gab sie mal, die Vermögenssteuer.

Ökoroutine ist daher zugleich ein Plädoyer gegen die zunehmende Ungleichheit in unserer Gesellschaft. Ganz einfach, weil Neid die Akzeptanz einer systematischen Umweltschutzpolitik mindert. Ökoroutine verhindert, dass sich nur die Armen einschränken müssen, während Wohlhabende der Kohlenstoffverschwendung frönen. Sie schafft zumindest in diesem Punkt sozialökologische Gerechtigkeit und führt Arme und Reiche mehr zusammen als auseinander.

Allerdings ist es keine Gleichmacherei, wenn öko zur Routine wird. Letztlich fühlen sich auch die Besserverdiener sicherer und wohler, wenn sich der Sozialneid in Grenzen hält. Zahlreiche Studien belegen das.[90] Die Reichen können sich auch bei Ökoroutine immer noch abgrenzen, nur anders als bisher. Sie können sich besonders leichte Autos leisten, bewohnen die sparsamsten Häuser und buchen die ökoeffizientesten Reisen. Das Elektroauto Tesla beispielsweise ist eindeutig ein Statussymbol für Wohlhabende. Es ist aber auch ein Statement.

Pulse of Europe

Frühjahr 2017. Ich nehme erstmals am neuen Demoformat »Pulse of Europe« teil. Es ist das erste Treffen, und nur rund 25 Menschen sind vor Ort. Beim nächsten »Pulse« sind es dann schon deutlich mehr.

Ich finde das faszinierend. Die Europäische Union ist so abstrakt und weit weg. Von allen Seiten schallt Kritik über die »Bürokraten in Brüssel«, die sich ständig irgendwelchen »Schwachsinn« ausdenken, der uns das Leben schwer macht. Sehr häufig finden sich auch Politiker aus Landtagen und dem Bundestag darunter. Umso mehr überraschen die bundesweiten Demos für die europäische Idee.

Zwei Gedanken drängen sich auf: Erstens sind die Menschen ganz offensichtlich bereit, sich für ein Projekt starkzumachen, von dem sie nicht unmittelbar selbst profitieren. Das widerlegt eine Kritik, wonach Bürger sich nur einmischen, wenn sie direkt benachteiligt werden, etwa durch eine Windkraftanlage vor der Haustür.

»Nimby« nennen Politikwissenschaftler dieses Phänomen: »Not in my backyard« – nicht in meinem Hinterhof. Das ist nicht ganz von der Hand zu weisen. Und doch zeigt »Pulse of Europe«, dass es auch anders geht. Auch die Demonstrationen gegen TTIP, die Agrarindustrie und den Braunkohletagebau sind so zu interpretieren. Schließlich nehmen an diesen Demos nicht nur Benachteiligte und direkt Betroffene teil.

Zweitens ist die pauschale Kritik über die Bürokraten in Brüssel unberechtigt. Nur zum Vergleich: Allein der Stadtstaat Hamburg beschäftigt ähnlich viele Mitarbeiter wie die EU. Komplizierte Regelungen verbocken selten Däumchen drehende Sesselpupser. Manche Schwachsinnsregelung kam auf Betreiben von Konzernen in die Welt, so etwa die geraden Gurken. Diese lassen sich nämlich besser in Kisten packen.

Von extrem vielen Standards profitieren wir, ohne sie weiter zur Kenntnis zu nehmen, beispielsweise bei den Gebühren für Mobiltelefonie im Ausland. Viele Schadstoffe dürfen nicht mehr eingesetzt werden, weil es in Brüssel so beschlossen wurde. Viele Elektrogeräte verbrauchen auf Geheiß der EU deutlich weniger Strom. Benachteiligt fühlt sich dadurch eigentlich niemand.

Ein Land allein könnte sich mit hohen Standards für Elektrogeräte, Fahrzeuge und Kraftwerke kaum durchsetzen. Zu groß wäre die Angst, die heimischen Unternehmen würden benachteiligt und die Konkurrenten in den Nachbarländern könnten davon profitieren. Doch wenn alle EU-Staaten mitmachen, ist das kein Problem. Denn dieser Markt mit 500 Millionen Einwohnern ist riesig. Um die 80 Prozent des Warenverkehrs findet innerhalb der Union statt. Die Europäer sind sich wirtschaftlich gewissermaßen selbst genug und weit weniger auf Exporte in andere Kontinente angewiesen als gemeinhin angenommen.

Das Konzept der Ökoroutine »Verhältnisse ändern Verhalten« lässt sich besonders effektiv auf europäischer Ebene realisieren. Standards und Limits überwinden das Wettbewerbsdilemma zwischen Unternehmen und Staaten. Insofern ist es nicht nur zu begrüßen, sondern von maßgeblicher Bedeutung, wenn jetzt überall für die Idee vom geeinten Europa geworben wird. Denn so kann öko zur Routine werden.

Gegenwerbung

Keine Frage, Werbung ist der stärkste Treiber für Überflusskonsum. Eine der wichtigsten Gegenstrategien der Ökoroutine ist daher die Begrenzung von Werbung. Auf diese Weise könnten wir uns effektiv und einfach vor den Folgen fehlgeleiteten Konsums schützen. Diese Strategie der Ökoroutine ist zentral, wenn sich achtsame Verhaltensweisen verselbstständigen sollen.

Den Anfang könnte ein generelles Verbot von Werbung machen, die sich speziell an unter Zwölfjährige richtet. So halten es Schweden und Norwegen schon heute. Hilfreich wäre auch ein prinzipielles Werbeverbot im Umfeld von Kindersendungen, wie es in Österreich und Dänemark üblich ist.[91]

Zudem könnte eine EU-Richtlinie bestimmen, dass nur solche

Mit solchen Fake-Anzeigen weist das »Greenpeace-Magazin« regelmäßig auf Missstände bei den Konzernen hin.

Autos im Fernsehen beworben werden dürfen, die weniger als die nach dem aktuellen Grenzwert zulässigen 120 Gramm Kohlendioxid pro Kilometer emittieren.

Effektiv ist Gegenwerbung, wie sie beispielsweise auf jeder Rückseite eines »Greenpeace-Magazins« zu finden ist. Das Design ist vom Original zunächst kaum zu unterscheiden. Doch in den darin enthaltenen Texten wird der entsprechende Hersteller kritisiert und kariert.

Um dem jährlichen Werbeetat der Wirtschaft von gut 30 Milliarden Euro allein in Deutschland etwas entgegenzusetzen, wäre es hilfreich, eine Art GEMA-Gebühr für Werbeanzeigen in Fernsehsendern, Zeitschriften und Internetportalen zu verlangen. Für jede geschaltete Anzeige erheben die Werbeträger eine Gebühr von fünf Prozent und führen die Einnahmen an die »Verwaltungsgesellschaft für Gegenwerbung« ab. Diese Agentur finanziert mit ihrem Etat Gegenwerbung. Zudem führt sie systematische Kontrollen durch und untersagt über den Werberat solche Anzeigen, die den Prüfkriterien nicht entsprechen. Die Kriterien sind freilich deutlich zu erweitern, wenn öko zur Routine werden soll.

Gute Vorbilder

Ich habe vieles richtig gemacht, bin in meinem Leben erst viermal geflogen, verwende im Hotel meine eigene Seife, wir haben kein eigenes Auto, bewohnen ein extrem effizientes Haus. Kurzum: Ich versuche, ein gutes Vorbild zu sein.

Was hat das bewirkt in meinem sozialen Umfeld, bei Nachbarn, Freunden und Bekannten? Nun, viele blicken sehr wohlwollend auf das, was ich tue, und denken sich: »Wow! Wie der das schafft, schon beeindruckend.«

Das ist ein schönes Gefühl. Doch was folgt daraus, was hat es geholfen, was hat es bewirkt? Ich kann nicht erkennen, dass sich in meinem sozialen Umfeld dramatische Veränderungen vollzogen haben. Kurzum, den Spruch »mit gutem Beispiel vorangehen« habe ich bislang wenig ernst genommen.

Der Papst fährt Fiat – und ist sichtlich zufrieden damit.

Doch seit der Papst bei den Vereinten Nationen mit seinem Fiat Punto vorfährt, hat das Thema »Vorbildfunktion« für mich eine neue Bedeutung gewonnen. Hier ist ein Mann, der tut, was er sagt, der es ernst meint.

Ich meine, wenn der Papst das kann, dann müsste es auch jeder Bundestagsabgeordnete und jeder Oberbürgermeister können.

Anleitung zum Widerstand

Unter dem Titel *Selbst denken* hat der Erfolgsautor und Sozialpsychologe Harald Welzer eine »Anleitung zum Widerstand« verfasst. Welzer wirkt dabei streckenweise etwas politikverdrossen, hebt aber völlig zu Recht die Bedeutung der Bürger und Wählerinnen bei der Bestimmung von Politik hervor. Mich hat das Buch begeistert. Besonders der Begriff »Widerstand« hat es mir angetan.

Auf Menschen, die noch selbst denken, kommt es an! Menschen, die unserer selbstsüchtigen und verantwortungslosen Verschwendungskultur nicht achselzuckend gegenüberstehen und die etwas unternehmen wollen.

Der Begriff »Widerstand« scheint historisch schwierig, bringt die Herausforderung aber auf den Punkt. Es gibt eine herrschende Klasse, die mit allergrößter Gelassenheit die Vernichtung der Artenvielfalt, die Asphaltierung und Betonierung von Grünflächen, die Gülleverseuchung von Böden und die Selbstverbrennung unseres Planeten verfolgt.

Arsch hoch!

Berlin, 1. Januar 2019. Vor einigen Wochen sah ich ein Graffiti mit dem Spruch »Arsch hoch, liebe Demokraten«. Das ist heute auch mein Appell, mein Wort zum Neujahr: »Arsch hoch!«

Und zwar aus ganz konkretem Anlass. Ich habe bereits darauf hingewiesen. Es geht um die Demonstration »Wir haben es satt!«. Sie findet jedes Jahr in Berlin statt, immer um den 20. Januar, immer zur Grünen Woche.

Vorweg: Es geht nicht um Gut und Böse. Die guten Biolandwirte und die böse Agrarindustrie. Es geht um bessere Standards in der Landwirtschaft, weniger Ackergifte, weniger Gülle, mehr Tierwohl. Dafür sollen sich unsere Politiker in Brüssel starkmachen, und dafür brauchen sie Druck von der Straße.

Niemand hätte etwas zu verlieren. Weder BASF noch die industriellen Landwirte, noch die Hersteller von Landmaschinen. Sie können auch mit biologischer Schädlingsbekämpfung Geld verdienen. Höhere Standards sind für Landwirte in Deutschland kein Problem, wenn die Konkurrenz mitziehen muss. Das ist der Clou!

Doch die Konzerne werden ihre Geschäftsmodelle nicht freiwillig ändern. Das konnten wir schon bei der Energiewende beobachten. Die großen Vier haben die erneuerbaren Energien erbittert bekämpft. Sie tun es bis heute. Auch die Autokonzerne ändern sich nicht freiwillig. Und so ist es auch in der Landwirtschaft. Alle halten fest an der Routine, am Gewohnten, bloß keine Experimente.

Sie würden bessere Bedingungen in der Tierhaltung begrüßen? Wünschst dir weniger Gifte auf dem Acker? Dann tun Sie was, denn das kommt nicht von allein!

Ich sage es gerne wieder: Wenn Sie nur über die Verwendung Ihres Gehalts nachdenken, schrumpft Ihr Verstand auf die Dimension Ihrer Geldbörse! Unsere Demokratie ist auf Menschen angewiesen, die mehr tun, als alle paar Jahre wählen zu gehen. Veränderungen finden nur statt, wenn Sie sich engagieren!

Sie kaufen ab und zu schon bio und Fleisch aus guter Tierhaltung? Schön! Aber das reicht nicht. Da können Sie ewig warten, bis sich da signifikant etwas ändert. Der Anteil vom Biofleisch liegt immer noch bei jämmerlichen drei Prozent.

Steigende Standards gelten für die gesamte Europäische Union. Ökoroutine geht aufs Ganze: 100 Prozent bio und 100 Prozent Tierwohl! Jawohl!

Öffentlicher Protest ist wichtiger als privater Konsumverzicht.

Also: Gehen Sie demonstrieren, denn das macht obendrein auch noch Spaß. Da finden sich viele interessante und engagierte Menschen. Die Stimmung ist super! Sie müssen nicht allein gehen. Nehmen Sie Freunde mit, dazu eine Thermoskanne Tee oder Glühwein. Das wird lustig. An den richtigen Stellen können Sie dann auf Töpfe trommeln oder mit einer Trillerpfeife Lärm machen.

Sie denken, ist doch egal, bei 30.000 Leuten, da kommt es auf mich nicht an? Falsch gedacht! Genau auf Sie kommt es an!

Nicht aufgeben!

Wie kommen Veränderungen in Gang? An sich ist das ganz einfach. Jemand hat eine tolle Idee, die auch andere überzeugend finden. Manche probieren es aus. Irgendwann sind auch Geldgeber überzeugt. Es gibt Fördergelder für ein Modellprojekt, anschließend weitere Projekte mit »Leuchtturmcharakter«. Weitere Entscheidungsträger lassen sich von der Bürgerbewegung inspirieren. Vorschläge werden in Ausschüssen diskutiert, und dann macht man das kleine Projekt von damals zum Standard.

Genau genommen ist die soziokulturelle Transformation eine Art Lobbyismus für die zukünftigen Generationen. Uwe Schneidewind, Chef des WI, nennt es »Zukunftskunst«.

Natürlich formieren sich Gegner. Denn es gibt eine Lobby der Gegenwartsfixierung, mächtige Interessengruppen, die Veränderungen prinzipiell ablehnen und damit auch einen Teil der Grundstimmung in der Bevölkerung widerspiegeln.

Abwarten und Däumchendrehen ist aber keine Lösung. Wem das Schicksal der zukünftigen Generationen, unserer Enkel, nicht gleichgültig ist, der setzt sich zur Wehr gegen die momentversessene Lobby der Trägheit. Der mischt sich ein in die Politik, protestiert, wählt, appelliert, macht vor und fordert die Richtung ein, hin zu ökologischen Innovationen, hin zu einem sozialkulturellen Wandel, hin zur Öko-routine.

Reformer sind beharrlich. Wie schon der italienische Philosoph Niccolò Machiavelli vor 500 Jahren feststellte:

»Kein Unternehmen ist schwerer und misslicher als der Versuch, eine neue Ordnung zu schaffen. Der Reformer hat alle zum Feind, die von der alten Ordnung profitierten, und nur lauwarme Verteidiger unter denen, die Gewinn aus dem Neuen ziehen könnten.« Denn

Auf der Demo protestierten wir für »Öko-Faire-Landwirtschaft«. Es ging bunt zu. Demonstrieren kann Spaß machen!

die Leute »glauben nur an das Neue, wenn sie es auch erfahren haben«.

Es genügt nicht, hier und da ein paar gute Argumente zu präsentieren und darauf zu hoffen, dass sich die Widersacher damit überzeugen lassen.

Neue Ideen kommen nur durch Wiederholung in die Welt. Menschen wie Hermann Scheer haben über Jahrzehnte für Sonnenstrom geworben. Die Argumente blieben im Kern gleich. Reformer wissen, es geht leider nicht immer um Vernunft, sondern um das Festhalten am Bestehenden. In der Braunkohle sind nur noch rund 20.000 Menschen beschäftigt, ein Großteil der Arbeitsplätze wird sowieso abgebaut, weil bis 2030 zwei Drittel der Beschäftigten in Rente gehen.

Im Bereich erneuerbare Energien waren laut Bundeswirtschaftsministerium im Jahr 2016 – direkt und bei Zulieferern – knapp 340.000 Menschen beschäftigt, 10.000 mehr als noch im Vorjahr.[92] Dennoch wollen die Bewahrer der Braunkohle weitere Dörfer und schönste Wälder wegbaggern und kämpfen erbittert für den Erhalt der ältesten und schmutzigsten Kohlemeiler Europas.

Wenn Schüler streiken

Freitag, 25. Januar 2019. Mindestens 25.000 Menschen gehen allein in Deutschland auf die Straße. Sie streiken. Sie kämpfen für eine entschlossene Politik und gegen die Klimaerhitzung.

Immer wieder werde ich gefragt: Was bedeutet Ökoroutine denn für die Bildungsarbeit? Nun, genau das, was die Schülerinnen und Schüler gerade tun.

Sie denken politisch. Sie geben sich nicht damit zufrieden, ab und zu eine Biomilch zu kaufen oder etwas weniger Fleisch zu essen. Das ist auch sehr schön, aber das, was die Schüler jetzt tun, hat einen viel größeren Effekt. Die ganze Welt redet von den Schülerprotesten.

Es ist faszinierend zu sehen, wie die damals 16-jährige Aktivistin Greta Thunberg aus Schweden eine internationale Protestwelle ausgelöst hat. Motto der Bewegung »Fridays for Future«: Wir streiken, bis ihr handelt!

Es zeigt sich: Die Jugend ist nicht unpolitisch und ichbezogen. Gewiss, solche gibt es, so wie auch bei den Erwachsenen. Doch die Proteste in Berlin und in vielen anderen Städten oder auch beim Hambacher Forst zeigen mir ganz deutlich: Es gibt enorm viele engagierte junge Menschen!

Wichtig ist dabei auch, in der Bildungsarbeit eine gewisse Frustrationstoleranz zu vermitteln. Denn nicht jeder Protest oder Appell mündet in ein neues Gesetz. Veränderungen brauchen ihre Zeit, denn besonders die Älteren haben Angst vor Veränderung. Es muss ihnen schon arg schlecht gehen, um offen für Reformen zu sein.

Doch die Erfahrung sagt, Beharrlichkeit und Ausdauer führen den Wandel herbei. Bestimmt nicht so schnell, wie man es sich wünschen würde, aber Veränderungen finden statt, immerhin. Handeln ist die bessere Alternative, als stumpfsinnig und passiv auszuharren.

Die »Fridays« fordern die Verantwortlichen auf, ihrer Verantwortung auch gerecht zu werden – und das mit Erfolg. Nach wenigen Monaten ist der Klimawandel weit oben auf der Agenda.

Von der Wut zum Mut:
Appell an Politik und Bürger

Dieses Buch ist ein Appell an die Politik: Seid kühn, traut euch, Grenzen zu setzen. Habt nicht nur die nächste Wahl im Blick, sondern beweist politischen Mut! Ihr rennt damit offene Türen ein. Die Chefs der größten Unternehmen weltweit wünschen sich von euch radikalere Vorgaben. Schiebt nicht die Verantwortung auf die Konsumenten. Die Wähler sind dankbar, wenn ihr Rückgrat habt und euch gegen Industrieverbände und Konzerne behauptet.

Dieses Buch ist zugleich ein Aufruf an die Bürgerinnen und Bürger, Wählerinnen und Wähler. Zeigt vor Ort, dass ein verantwortungsvolles Leben möglich ist! Wehrt euch gegen Kommerzialisierung, leistet Widerstand, wenn die Interessen eurer Kinder und Enkel übergangen werden.

Und: Geht wählen! Politik macht den Unterschied. Die Wählerinnen und Wähler haben die Macht, von der Politik eine enkeltaugliche Politik einzufordern. An der Wahlurne gilt es auch, den persönlichen Egoismus zu überwinden. Es geht nicht nur um das »Selbst«, um das »Hier und Jetzt«. Es geht um die Zukunft.

Eine Demokratie kann nur so verantwortungsvoll sein wie ihre Bürgerinnen und Bürger. Wenn wir zu dieser Einsicht nicht bereit sind, geht unsere Freiheit zugrunde, weil dann eines Tages nur noch radikal-autoritäre Entscheidungen übrig bleiben.

Die politischen Entscheidungsträger sind nur indirekt Motoren des Wandels. Die Abschaffung der Sklaverei, das Ende der Rassendiskriminierung in den USA, die Gleichberechtigung von Frauen und das Ende der Apartheid in Südafrika, all das kam von der Basis, getragen von ganz normalen Menschen. Es wäre naiv zu glauben, der Wandel einer Wirtschaftsbranche ließe sich Hand in Hand mit den Profiteuren der alten Ordnung bewerkstelligen.

Wir müssen kämpfen.

Anmerkungen

1 Mehr zum Thema Arbeit, Kurze Vollzeit und Work-Life-Balance im Kapitel »Arbeit« der Ökoroutine.

2 Probst, Maximilian/Pelltier, Daniel (2017): Der Krieg gegen die Wahrheit, in: Die Zeit 51/2017, S. 58 f.

3 Naomi Oreskes, Autorin des Buchs »Die Machiavellis der Wissenschaft« im Interview mit Die Zeit (3. 11. 2014).

4 Brühl, Johannes (2015): Friedhof der Kuscheltiere, in: Süddeutsche Zeitung (16. 6. 2015), S. 9.

5 https://www.boelw.de/fileadmin/pics/ Bio_Fach_2017/ZDF_2017_Web.pdf.

6 www.chip.de (20. 3. 2006).

7 Die Formel »Das Gute darf wachsen, das Schlechte muss schrumpfen« kommt von Wolfgang Sachs, Wuppertal Institut.

8 Trafton, Anne (2012): How the brain controls our habits, in: http://news.mit. edu (29. 10. 2012).

9 Kraftfahrt-Bundesamt.

10 Beim Dienstwagen können die laufenden Betriebskosten (inklusive Abschreibung) im Rahmen der jährlichen Einkommensteuererklärung geltend gemacht und so Steuern eingespart werden. Besonders groß ist die Steuerersparnis für Arbeitnehmer mit hohen Steuersätzen. Das Dienstwagenprivileg gilt deshalb auch als unsozial.

11 Laut Kraftfahrt-Bundesamt wurden 2017 bereits 64,4 Prozent aller Neuwagen von gewerblichen Haltern zugelassen. Das waren 2,2 Millionen Fahrzeuge. Der Anteil der privaten Halter lag nur noch bei 35,6 Prozent oder 1,2 Millionen Neuwagen. https:// www.kba.de/DE/Statistik/Fahrzeuge/ Neuzulassungen/Halter/2017_n_halter_ dusl.html?nn=652344.

12 Eingereicht als öffentliche Petition beim Petitionsausschuss des Deutschen Bundestags am 13. 10. 2011 (Petition 20526).

13 Arne Perras: Singapur führt die Auto-Obergrenze ein, Süddeutsche Zeitung vom 1. 2. 2018.

14 Kopatz, Michael (2016): Ökoroutine. München, S. 197 f.

15 Im Jahr 2018 sind insgesamt 3,44 Millionen Neuwagen zugelassen worden, siehe www.kba.de: Jahresbilanz der Neuzulassungen 2018; https://www.kba.de/DE/Statistik/ Fahrzeuge/Neuzulassungen/n_ jahresbilanz.html?nn=644522.

16 Berechnet für einen V W Golf 2,0 TDI mit 140 PS und 146 CO_2-Ausstoß g/km.

17 Die sogenannten externen Kosten berücksichtigen die Folgen etwa von Unfällen, Abgasen und Klimaschäden, siehe Becker, Udo/Becker Thilo/Gerlach, Julia (2012): Externe Autokosten in der EU-27. Überblick über existierende Studien. TU-Dresden.

18 Ahr, Nadine, u. a.: Die Hölle am Himmel, Die Zeit vom 8. 8. 2018.

19 Hoffmann, Catherine: Eine Flugreise ist das größte ökologische Verbrechen, Süddeutsche Zeitung vom 31. 5. 2018.

20 Statista 2016, Quelle: www.forbes.com (08/2008); Erhebung durch ITIS Holdings. Die Zahlen sind von 2008; da die Fahrzeugdichte seitdem weiter zugenommen hat, ist davon auszugehen, dass die Durchschnittsgeschwindigkeit mittlerweile noch geringer ist, insbesondere während der Rushhour morgens und abends.

21 Vgl. Umweltbundesamt (2007): Verbesserung der Umweltqualität in Kommunen durch geschwindigkeitsbeeinflussende Maßnahmen auf Hauptverkehrsstraßen – Abschlussbericht und Anlagenband. S. 11.

22 Vgl. 20's plenty for us (2012): Wide Area 20 mph Limits Raise Cycling and Walking Levels By Up To 12 %.

23 Quelle: Umweltbundesamt: Wirkungen von Tempo 30 an Hauptverkehrsstraßen.

24 Knoflacher, Herrmann (2011): Schneller – öfter – weiter – immer dümmer, in: Hege, Hans-Peter, u. a. (Hrsg.): Schneller, öfter, weiter? Perspektiven der Raumentwicklung in der Mobilitätsgesellschaft. Arbeitsberichte der ARL 1. Hannover.

25 DIW Wochenbericht 32/2018, S. 692, Kraftfahrt-Bundesamt, 2005: 559,5 km/a – 2016: 636,9 km/a.

26 Mobilität in Deutschland 2008.

27 Umweltbundesamt (2005): Determinanten der Verkehrsentstehung, UBA-Texte 26/05, S. 46.

28 Statistisches Bundesamt.

29 www.bmvi.de: Pressemitteilung »Verkehrsprognose 2030: Verkehr wird deutlich zunehmen« (11. 6. 2014).

30 Kopatz, Michael (2016): Ökoroutine. München, S. 352.

31 UBA (Hrsg.) (2016): Verteilungswirkungen umweltpolitischer Maßnahmen und Instrumente, TEXTE 73/2016 (Autoren: Klaus Jacob, Anna-Lena Guske, Sabine Weiland, Claire Range, Freie Universität Berlin).

32 ICCT, Unterschied zwischen offiziellem und realem Kraftstoffverbrauch für neue Pkw in Europa stagniert erstmals, Pressemitteilung vom 10. 01. 2019. www.theicct.org: Unterschied zwischen offiziellem und realem Kraftstoffverbrauch für neue Pkw in Europa stagniert (10. 1. 2019).

33 www.kba.de: Pressemitteilung Nr. 7/ 2009 – Der Fahrzeugbestand am 1. Januar 2009 (13. 3. 2009); www.kba.de: Pressemitteilung Nr. 5/2019 – Der Fahrzeugbestand am 1. Januar 2019 (1. 3. 2019).

34 deutschland-takt.de.

35 www.hamburg.de: Senat beschließt weitere Erleichterungen für den Wohnungsbau. Bauherren entscheiden künftig selbst über die Anzahl ihrer Autostellplätze (29. 10. 2013).

36 Knoflacher, Herrmann (2011): Schneller – öfter – weiter – immer dümmer, in: Hege, Hans-Peter, u. a. (Hrsg.): Schneller, öfter, weiter? Perspektiven der Raumentwicklung in der Mobilitätsgesellschaft. Arbeitsberichte der ARL 1. Hannover.

37 Stock, Ulrich: Freie Fahrt, in: ZEITmagazin, Das Rad ist das bessere Auto …. vom 28. 6. 2018.

38 dw.com.

39 www.spiegel.de: Wo Autos sich verdünnisieren sollen, vom 20. 7. 2018.

40 Bartens, Werner: Die grünen Kollegen, in: Süddeutsche Zeitung vom 29. 11. 2016.

41 #https://de.wikipedia.org/wiki/ Streetscooter#/media/File:Streetscooter_ Seitenansicht.jpg.

42 Studie »Wirtschaftliche Aspekte nichttechnischer Maßnahmen zur Emissionsminderung im Verkehr« des Fraunhofer-Instituts für System- und Innovationsforschung (ISI) im Auftrag des Umweltbundesamts.

43 Felix Ehrenfried, Felix (2013): Radfahren spart 2000 Euro jährlich, in: www.wiwo.de (21. 5. 2013).

44 Stock, Ulrich: Freie Fahrt, in: ZEIT-magazin, Das Rad ist das bessere Auto .... vom 28. 6. 2018.

45 Bei einer Durchschnittsliegenschaft mit einem Wert von 193.897 Euro reduziert sich an einer Hauptverkehrsstraße mit mindestens zwei Spuren je Fahrtrichtung der Wert um 97.475,70 Euro bei einer Pegelüberschreitung von 14 dB (A), Center for Real Estate Studies (2015): Lärm und Immobilienwert. CRES Discussion Paper No. 4, S. 25.

46 Giering, Kerstin (2013): Was kostet der Lärm, Vortrag in Trier (Autorin der UBA-Studie Lärmwirkungen Dosis-Wirkungs-relationen, Texte 13/2010).

47 Mehr dazu in: Tempo 30: Kommunen sollen selbst entscheiden, in: Kopatz, Michael (2016): Ökoroutine. München, S. 210.

48 http://jaha.ahajournals.org/content/3/5/e000727, Kirwa K, Eliot MN, Wang Y, Adams MA, Morgan CG, Kerr J, Norman GJ, Eaton CB, Allison MA, Wellenius GA. Residential Proximity to Major Roadways and Prevalent Hypertension Among Postmenopausal Women: Results From the Women's Health Initiative San Diego Cohort Journal of the American Heart Association. 2014; 3 (5): e000727; Bartens, Werner: Lärminfarkt, in: Süddeutsche Zeitung vom 2. 10. 2014.

49 Charisius, Hanno: Gift aus dem Auspuff, in: Süddeutsche Zeitung vom 28. 2. 2019.

50 Die aktuellsten Zahlen beim Verpackungsmüll weisen für die EU im Jahr 2016 eine Pro-Kopf-Menge von 169,7 Kilogramm jährlich aus. Deutschland liegt mit 221 Kilo pro Kopf an der Spitze. In der Menge enthalten sind auch Verpackungen aus Papier und Pappe. Eurostat: Packaging Waste Statistics, Januar 2019 (www.ec.europa.eu: Packaging Waste Statistics (20. 1. 2019).

51 Asendorpf, Dirk u. a.: Für immer Dein, in: Die Zeit vom 19. 4. 2018.

52 Quelle: http://www.matthäus gemeinde.de, Faire Gemeinde.

53 Hannes Jaenicke in der ZDF-Sendung Volle Kanne vom 27. November 2018.

54 Fulterer, Ruth: Zu Unrecht verpönt? in: Die Zeit vom 8. 3. 2018.

55 www.greenpeace.de: Kreislauf geschlossen? (3. 9. 2015).

56 Florian Kolf: Die Wegwerfmentalität könnte aus der Mode kommen, in: www.handelsblatt.com (20. 3. 2019).

57 www.saubere-kleidung.de: Öffentlicher Druck weckt Metro auf (24. 6. 2009). Eine Studie des National Labor Committee über Arbeitsbedingungen in Bangladesch hatte aufgedeckt, dass die Arbeiterinnen geschlagen und die Löhne nicht ausgezahlt wurden; sie mussten sieben Tage und bis zu 97 Stunden pro Woche arbeiten. Eine Frau war wegen Erschöpfung gestorben, eine Krankschreibung war ihr vom Fabrikmanagement verwehrt worden. Daraufhin brach sie am Arbeitsplatz zusammen.

58 Merkblatt Dodd-Frank Act und »Konfliktmineralien«, erstellt von einer Arbeitsgruppe aus BDI, BGA, DIHK, SPECTARIS, VDM, WVM und ZVEI (Stand 5. November 2013).

59 Gasser Hans (2017): Die andere Seite des Winters, in: Süddeutsche Zeitung (9. 12. 2017).

60 Wetzel, Daniel (2018): Deutsche sind bereit, für Energiewende Opfer zu bringen, in: Die Welt (11. 11. 2018).

61 https://de.statista.com: Pro-Kopf-Konsum von Fleisch in Deutschland in den Jahren 1991 bis 2018 (2019).

62 www.de.statista.com: Fahrleistung der Personenkraftwagen in Deutschland von 1970 bis 2017 (2019).

63 https://de.statista.com: Anzahl der beförderten Personen im Luftverkehr in den Jahren 2004 bis 2018 in Deutschland (3/2019).

64 www.zeit.de: Deutsche werfen am meisten Elektroschrott weg (15. 4. 2014).

65 Baldé, C. P., Forti, V., Gray, V., Kuehr, R., Stegmann, P. (2017): The Global E-Waste Monitor – 2017. United Nations University, Bonn. Nach diesem UN-Bericht wurden 2017 global 44,7 Mio. Tonnen Elektroschrott produziert. Der Anteil Deutschlands ist überdurchschnittlich hoch: 1,9 Millionen Tonnen bzw. 22,8 Kilogramm pro Einwohner. https://www.itu.int/en/ITU-D/Climate-Change/Documents/GEM%202017/ Global-E-waste%20Monitor%202017%20. pdf.

66 Schridde, Stefan (2014): Murks? Nein danke! Was wir tun können, damit die Dinge besser werden. München.

67 Mehr dazu in: Kopatz, Michael (2016): Ökoroutine. München, S. 162 ff.

68 www.eu-verbraucher.de: Zusammenfassung: Gewährleistung und Garantien (15. 11. 2015).

69 Vorreiter, Paul (2019): Schrauben für die Umwelt, in: www.deutschlandfunk.de (4. 1. 2019).

70 Umweltbundesamt (2015): Umweltbelastende Stoffeinträge aus der Landwirtschaft. Hintergrund März 2015.

71 Umweltbundesamt (2007): Integrierte Vermeidung und Verminderung der Umweltverschmutzung. Dessau.

72 Der CO_2-Rucksack eines Kilogramms Weizenmehl liegt bei 1,7 Kilogramm CO_2-Äquivalente, bei Schweinefleisch beträgt er mit rund acht Kilogramm das mehr als Vierfache. WWF (2014): Schwere Kost für Mutter Erde, S. 29.

73 Canfin, Pascal (2006): L'iéconomie verte expliquée à ceux qui n'iy croient pas, par Pascal Canfin. Ed. Les petits matins, 2006, S. 107, zitiert nach Latouche, Serge (2015): Es reicht! Abrechnung mit dem Wachstumswahn. München 2015, S. 122.

74 https://www.wirtschaftsfoerderung viernull.de/.

75 Konsumausgaben privater Haushalte für Nahrungsmittel. Statistisches Bundesamt: www.destatis.de.

76 Wissenschaftlicher Beirat für Agrarpolitik beim Bundesministerium für Ernährung und Landwirtschaft (2015): Wege zu einer gesellschaftlich akzeptierten Nutztierhaltung. Kurzfassung, S. 39.

77 Kopatz, Michael (2016): Ökoroutine. München, S. 82 ff.

78 Die Frage lautete: »Angenommen, ein Kilo Fleisch kostet 10 €. Welcher Aufpreis würde bezahlt (2, 5, 10, mehr als 10 Euro)?«.

79 Inspiriert von: http://www.klimaretter. info: Welternährungsorganisation: Agrarwende! (18. 10. 2016).

80 https://de.wikipedia.org/wiki/ Bundesverkehrswegeplan_2030.

81 S. 131–133.

82 80 Euro versus 400 Euro.

83 https://de.statista.com (2018).

84 Erlinger, Rainer (2019): Streng genommen, in: Die Zeit (23. 3. 2019), S. 49.

85 Posmik, Kai: Anschnallen bitte!, in: Der Spiegel vom 23. 12. 2010.

86 www.agrar-presseportal.de

87 www:de.wikipedia.org: Selbstwirksamkeitserwartung (2. 5. 2019).

88 United Nations (2013): The UN Global Compact – Accenture CEO Study on Sustainability 2013, S. 45.

89 Kafsack, Hendrick: Wie mit dem Staubsauger, in: www.faz.net vom 24. 5. 2014.

90 Wilkinson, Richard/Pickett, Kate (2010): Gleichheit ist Glück: Warum gerechte Gesellschaften für alle besser sind. Berlin.

91 Gaschke, Susanne (2011): Die verkaufte Kindheit. München, S. 262.

92 BMWi: Wieder mehr Beschäftigung bei erneuerbaren Energien, in: Energiewende direkt, vom 13. 3. 2018 – https:// www.bmwi-energiewende.de/EWD/ Redaktion/Newsletter/2018/03/Meldung/ direkt-erfasst_infografik.html.